沖縄戦と琉球泡盛

百年古酒の誓い

上野敏彦

明石書店

熟成味が強い春雨と豆腐よう

クースのご意見番、仲村征幸（右）と土屋實幸＝ 2014 年 4 月、うりずんにて

麹をしっかり造りこむ咲元酒造の佐久本啓＝ 2015 年 6 月、牧野俊樹撮影

150 年と 130 年物の古酒を秘蔵する識名酒造の識名研二

16 歳で鉄血勤皇隊に動員された與座章健。亡くなった同窓の名を指す
＝ 2015 年 6 月、牧野俊樹撮影

久米仙酒造

忠孝酒造

まさひろ酒造

上原酒造

神谷酒造所

久米島の久米仙

米島酒造

渡久山酒造

宮の華

池間酒造

菊之露酒造

沖之光酒造

多良川

高嶺酒造所

八重泉酒造

仲間酒造

請福酒造

玉那覇酒造所

池原酒造

入波平酒造

崎元酒造所

国泉泡盛

波照間酒造所

47酒造所のラベル

伊平屋酒造所

伊是名酒造所

やんばる酒造

今帰仁酒造

山川酒造

龍泉酒造

津嘉山酒造所

ヘリオス酒造

恩納酒造所

金武酒造

松藤

咲元酒造

比嘉酒造

神村酒造

古酒の郷

新里酒造

北谷長老酒造工場

沖縄県酒造協同組合

石川酒造場

瑞穂酒造

識名酒造

瑞泉酒造

宮里酒造所

津波古酒造

泡盛酒造所
伊平屋島
伊平屋酒造所
伊是名島
伊是名酒造所
やんばる酒造
今帰仁酒造
山川酒造
龍泉酒造
津嘉山酒造所
ヘリオス酒造
恩納酒造所
咲元酒造
金武酒造
松藤
比嘉酒造
神村酒造
古酒の郷
北谷長老酒造工場
新里酒造
沖縄県酒造協同組合
石川酒造場
瑞穂酒造
識名酒造
宮里酒造所
瑞泉酒造
忠孝酒造
津波古酒造
まさひろ酒造
久米仙酒造
上原酒造
神谷酒造所
久米島
久米島の久米仙
米島酒造
伊良部島
池間酒造
渡久山酒造
宮の華
菊之露酒造
宮古島
沖之光酒造
多良川
高嶺酒造所
石垣島
八重泉酒造
仲間酒造
入波平酒造
玉那覇酒造所
請福酒造
与那国島
池原酒造
崎元酒造所
国泉泡盛
波照間島
波照間酒造所

（沖縄県内に 47 か所ある泡盛の酒造所地図＝泡盛新聞作成）

沖縄戦と琉球泡盛　百年古酒の誓い

沖縄戦と琉球泡盛　百年古酒の誓い◎目次

序章　歴史的瞬間に立ち会う

▽カウンター下に隠す酒

沖縄県那覇市安里の居酒屋「うりずん」は、那覇空港からゆいレールに乗って十五分ほどの栄町市場の脇に立つ。

二〇一四（平成十六）年の四月八日。この本店からさほど遠くないところにあるうりずんの別館で、琉球泡盛にとって世紀の歴史的な瞬間を伝える「ラジオ沖縄」の特別番組が収録されていた。

四畳半ほどの和室が臨時スタジオになり、マイクの前には古酒（クース）と呼ばれる薄い色のついた液体の入ったガラスのボトルと水のコップ、お手拭きなどが並んでいる。

番組のゲストはうりずん店主土屋《つちや》實幸《さねゆき》、当時七十二歳。沖縄県工業試験センターにいた泡盛研究者の照屋比呂子、インタビュアーは「泡盛よもやま話」を長年担当したベテランアナウンサー屋良悦子、その場に私も取材者として居合わせる幸運に恵まれた。

先の大戦で沖縄は米軍の「鉄の暴風」と呼ばれる陸海空からの猛爆撃に遭い、県民の四人に一人が犠牲になったのである。特に琉球王国時代に泡盛生産の特別許可を受け、酒造りを独占的に担ってきた首里三箇と呼ばれる地区の被害は大きかった。

今では世界遺産に登録された首里城の地下には陸軍第三十二軍の司令部があったことから、首里一帯は米軍の爆撃ターゲットになり、二、三百年物の古酒の大半が地中へ流れ消えていった。

その戦火を逃れ、沖縄から本土へ渡っていた古酒があったのである。もちろん新聞記事になったこともない、誰も知らない秘められたストーリーだ。

一九〇四（明治三十七）年四月、後に講談社を創立する野間清治が県立沖縄第一中学（現在の県立首里高校）に教諭として赴任していたときの弟子から、泡盛の入った甕を贈られ野間家の倉庫に長期間保管されていたのだった。

それが講談社創業百年の二〇〇九（平成二十一）年十二月に社員懇親会が開かれた際、六代目社長で野間清治の孫に当たる佐和子が「祖父からの贈り物がございます。皆さまとご家族の健康を祈念して乾杯しましょう」と言って、社員にこの百年ものの古酒に熟成された泡盛を振る舞ったのである。

「ウン、うまい……」

「これがうわさの大古酒か」

社員は皆大喜びしながら柄杓でコップについでは口に運び、なかには一人で何杯もお替わりする豪の者もいた。

そんななかで、この酒のもつ重大な意味に気づいた長年の沖縄ファンで人事部にいた中野勝仁が「こんなに貴重な泡盛を『飲んでそれで終わり』とするのではあまりにもったいないではないか。どなたかの研究材料にしていただければ」と気転を利かせて知人を介し、土屋實幸の元へ四合瓶の古酒を送り届けていたのである。

講談社で当時、野間佐和子から「祖父が沖縄でお世話になったかたからいただいた泡盛があるので皆さんにお出しして」と指示を受けた六本木雅一が倉庫のなかを確認すると高さ五、六十センチ、直径四、五十センチの無色透明のガラス瓶が三つほどほこりをかぶって保管されていた。

専門の職人にたのんでガラス瓶の口を切断してもらって、なかの液体を別の容器に移すと、「サラサラではなく、トロッとした感じ。さわやかな香りがスーッと鼻に抜けた。この古酒は甕にはいって届いたものを、いつかの時点でガラス瓶に移し換えられたと思うが、記録もないので経緯について自分は存じていません」と六本木は話している。

土屋實幸は那覇市で一九四二（昭和十七）年に生まれ、東京へ出て東洋大学に入り苦学の末Uターンし、沖縄が本土復帰した一九七二（昭和四十七）年の、それも日本敗戦の日に当たる八月十五日に泡盛専門の居酒屋「うりずん」を開業した。

米国統治下に置かれた戦後の沖縄はウイスキーやブランデーなどが安く手にはいるようになったことから、呑み屋では洋酒が席巻し、泡盛はそれより劣る酒として県民は隠れるようにして飲むようになったのである。

居酒屋でも店主は目立たぬようにカウンターの下に隠すのが日常で、バーのホステスも「ウチには泡盛なんて安酒置いてないわ」と客に告げるのがプライドになっていた。

「だけど沖縄では大木や岩を霊場に見立てて拝む風習があるが、祖先と過ごすような大事なときに供えられるのはやはり泡盛。神と人をつなぐ重要な役割を果たしていて、沖縄と泡盛は切っても切り離せないのです」

土屋はそうした民族の酒というか、ウチナンチュー（沖縄の人びと）の酒に強い誇りをもち、六百年の伝統を断ち切らせてはならないとの決意で、沖縄本島、離島も含め当時五十七ある全酒蔵の泡盛を集めたのである。

そんな酒場は当時沖縄にはなく、開店当初は閑古鳥が鳴いていたとはいえ、本土から作家の椎名誠や女優の浜美枝らの文化人、著名人が通うようになると、やがて沖縄観光の人気スポットとして花開いていく。

泡盛は一般的にタイ国産のインディカ米と黒麹菌（学名アスペルギルス・ルチュエンシス）を使って造るが、タイ米は硬質米のため蒸してもサラサラしていて黒麹を繁殖させやすく、発酵管理がしやすい利点もあるという。

この黒麹菌から出るレモンのような酸味の強いクエン酸が、醪《もろみ》の雑菌繁殖を抑える作用をする。その結果、気温が高い沖縄では黒麹を使えば、一年を通しての酒造りが可能になる。清酒の世界が晩秋か初冬の時期に酒造りを始めるのを「寒づくり」と呼ぶのと対象的な世界といえよう。

九州の各地ではこの黒麹菌が変異した白麹菌や清酒と同じ黄麹菌で焼酎を造ってきた。芋焼酎（鹿児島、宮崎）、米焼酎（熊本）、麦焼酎（大分、長崎）というように。

泡盛はこうした焼酎とちがって年月を経て熟成させると、香りはより芳醇に、味わいはさらに甘く、まろやかに化けていく。現在三年以上熟成させた泡盛は古酒と名乗ることができるようになっている。

しかし、沖縄では先の大戦で本島が焼きつくされるまで中国の康熙年間（一六六二―一七二二年）に造られた三百年近い超古酒も存在していたのである。

その奥深い世界に魅せられた土屋實幸は、店にあらゆる古酒をそろえたことから「クースの番人」とまで呼ばれるようになった。

そんな土屋實幸にしても手に入れた古酒は自分で貯蔵した四十年ものが一番年月を経た酒だった。それだけに、百年前の古酒を味わうチャンスが自分の生きているうちに訪れるとは、と直接利き酒する瞬間を心待ちにしたのだった。

百年古酒を利き酒しての感想を照屋比呂子とラジオの特別番組で語る土屋實幸＝2014年4月

番組収録の当日は、まず土屋がグラスの液体をじっと愛おしそうに見つめてからそっと口に含んだ。

ついで日ごろ、土屋から「泡盛のお医者さん」と呼ばれる照屋比呂子がグラスをゆっくりと振り、その味と香りをチェックした。

それから後は泡盛の魅力についていくつもの番組をつくってきた屋良悦子に司会を任せてのフリートークである。

「えも言われぬ甘さ、それにとても丸い香りを感じた。のど越しにやや苦みが残ったが、いい香りが口のなかにいつまでも漂うのには驚いた。

百年前は今とちがって濾過をあまりしないで酒を造っていたので旨味成分のフーゼル油などが甕の内側にびっしりとついていたのだろう。これが泡盛を守りながら良い状態で古酒を育て続けたのではないか。百年酒とはこういうものだったのだ。自分はこの歳まで生きていて本当によかった」

土屋はこう言って、満面の笑みを浮かべた。

一方の照屋は「香りにも味にも甕熟成の特徴がよく出ていた」と言って、次のように話した。

「百年もたつとお酒の力は落ちてくるが、アルコール分が三十五度残っていたということは当初は六十度くらいの泡盛だったのではないかと考えられる。

空気に触れると白梅の濃い甘さの香りがしてきた。元の酒も甕もとてもいいものだったと思う。仕《し》次《つ》ぎをして量を増やして次の時代に引き継いでいければ」

仕次ぎというのは、力の弱ってきた酒に新しい酒を少し加え、パワーアップさせてやる泡盛貯蔵で特有の作業をいう。

百年酒とはいえど、その間何度か仕次ぎをしなければ酒質が保てないと考えられるが、野間家の泡盛はその作業はされないまま、東京大空襲の戦火に耐えながら甕のなかでコンコンと百年間も眠り続けた奇跡の酒だった。それが、どこかの段階でガラス瓶に移され、さらに熟成してきたのである。

▽酒と女におぼれた教師

そんな大事な酒を明治の世に沖縄の関係者から贈られた野間清治とは一体、どんな人物だったのか。

「眉が太くて目が大きい。まるで沖縄の人間みたいじゃないですか。同じ時代に生きていたら、いい呑み友だちになれたと思う」

本人の写真を一目見た土屋實幸はこう言って無邪気に笑った。

野間清治は一八七八（明治十一）年に群馬県桐生市の渡良瀬川が流れる町の教員宅に生まれた。父は剣道、母は薙刀《なぎなた》の達人だった。

この年は明治維新の元勲、大久保利通が暗殺された激動の年でもあった。

日清戦争が終わった翌年の一八九六（明治二十九）年春、野間は群馬県立尋常師範学校に入学した。やがて剣道で頭角を現し三年のときの剣道大会で警察代表の警部を下し、師範のヒーローとなった。

一九〇四（明治三十七）年、東京帝国大学文科大学（現東大文学部）の臨時教員養成所を卒業してから、首里にある沖縄中学の教諭となる。

日露戦争が始まった年の四月のことで、客船の沖縄丸が那覇港に着くと山々は青いソテツに覆われていて、そのなかに白く輝いて見えたのは沖縄特有の亀甲墓だった。赤瓦の琉球家屋も本土から来た人間には独特の異国情緒を感じさせただろう。

野間清治は剣道と国語漢文の授業を担当したが、校内で暴れん坊の生徒を竹刀で従わせ、南総里見八犬伝の講談をすることで学校中の人気者になっていったという。

沖縄で三年間教員生活を過ごした後、東京へ戻り、一九一一（明治四十四）年に講談社を設立し、『少年倶楽部』や『キング』などの人気雑誌を世に出して「日本の雑誌王」と呼ばれるようになる。太平洋戦争が始まる前の一九三八（昭和十三）年十月に狭心症で五十九歳の生涯を閉じている。

そんな野間清治本人が著した『私の半生・修養雑話』（野間教育研究所）を読んだ土屋實幸は次のように感想を語る。

「真面目なだけの男ではなかった。夜は毎日のように料亭の『風月楼』に通って泡盛を呑んでいたという。大変な酒豪だったのでしょう。酒と女におぼれる典型的な人物。

自分はこういう破天荒な男が好きですね。そんな野間さんが創立した講談社が百年も続き、そのゆかりの酒の御相伴に今あずかれるなんてうれしい話じゃないですか」

土屋は那覇市内の西新町という風月楼からそう遠くない町に生まれたが、三方を海に囲まれたこの料亭は一八九九（明治三十二）年から一九四四（昭和十九）年の十月十日、米軍の那覇大空襲で焼け落ちるまで四十五年間続いた琉球を象徴する高級社交場だった。

その風月楼について野間自身は著書のなかで「私たちは、一人前一円なにがしかで、すばらしい御馳走に舌鼓を打った。座には内地から来ている比較的美しい仲居がはべった。月あり、酒あり、涼風あり、私たちは杯を傾け、歓楽をつくした」と回想している。

そして風月楼通いを続けるうち、野間清治は女性だけで管理する辻遊郭の魔力にも魂を奪われ、泊まり込んでは朝彼女たちにご馳走を詰め込んだ弁当を作ってもらい、それを持って学校へ出かけるようになる。

そんな野間が自由奔放なひとときを過ごした極楽島の運命も沖縄戦で大きく変わっていくが、野間を慕う沖縄の人びとから東京へ送り届けられた泡盛は百年以上も眠り続けて講談社創業百年のめでたい日に封を切られたのであった。

▽永遠のクース島に

百年古酒を味わい、野間清治に思いを馳せた土屋實幸はそれから一年もたたない二〇一五（平成二十七）年三月二十四日、七十三歳で天上の人となっていく。

土屋が古酒にかけた情熱とはどのようなものだったのか――。

「自分は土着の人間ですよ。生まれたときからオキナワの土人だから、泡盛と三線の音色で育ってきた。貧乏だから泡盛しか呑めず、十四歳から親しんできた。だけれど、泡盛は焼酎とちがって寝かせて古酒にすれば世界一の酒になるのではないか」

こう考えた土屋はうりずん店内奥の土壁の前に、首里の歴史ある咲元酒造から譲り受けた大きな荒焼きの甕を置き、アルコール分の強い辛口の泡盛とやや軽い泡盛を数種類入れて独自にブレンドした酒を熟成させてきた。

泡盛を甕で貯蔵すると、瓶に比べ空気に触れる量が多いので酸化による古酒化が進みやすく、土の成分である鉄やマグネシウム、マンガンなどが触媒となって酒を一層マイルドな味へ育てていく効果もあるという。

咲元酒造といえば、二代目の佐久本政良が日本の敗戦後、米軍の収容所から首里に戻ってきて一面焼け野原の瓦礫のなかから泡盛の蒸留に必要な黒麹菌の付いたニクブク（むしろ）を見つけ出した。残っていた菌を培養して瑞泉酒造など他の酒蔵にも分けて戦後泡盛復興の土台骨をつくった伝説の人物である。

土屋の周囲には当時こうした古武士のような造り手も健在で、本人も戦争と泡盛の関係について認識を深めていく。

「あの戦争さえなかったら我々は二百年、三百年という古酒を味わうことができたのではないか。将来二度と戦争は起こさない平和な世の中をつくり、沖縄全体をクースの島にしていきたい」

土屋實幸がこう考えて始めたのが泡盛古酒百年運動だ。

一九九七（平成九）年にスタートし、全国に一万人弱の会員がいたが、土屋の死後、運動はやや停滞気味になっている。

それでも、泡盛関係者には平和を求める気持ちは強く、銘酒「春雨」を造る宮里酒造所の二代目宮里徹もそうした一人で、土屋がかわいがった造り手だ。

現在の那覇空港から遠くない小禄に酒造所があるが、すぐ近くには海軍司令部の地下豪があった関係で戦争末期には米軍の集中的な爆撃に遭った。今でも地中から不発弾が出てきて市民生活がストップすることがあるほどである。

宮里徹の父、武秀はこの地に生まれ戦後まもなく泡盛の製造を始めたが、戦時中米軍機に銃撃されながらも一命をとりとめた体験をもつ。

「戦争を再びやってはならない」という強い信念から、『春』は希望、『雨』は恵みを意味する『春雨』を酒の名前につけたという。

宮里武秀の造る酒は春雨を一時期名乗ったが、首里の大手メーカーに桶売りしてきた。酒質が高いことは二〇〇〇（平成十二）年に九州・沖縄サミットが開かれた際、乾杯の酒として使われたことから関係者のだれもが認めるほどだ。

その父の蔵をある日突然引き継ぐことになった息子は一切教えを受けず、試行錯誤で独自の酒造りを追求した。

泡盛は先にも触れたように甕で熟成させるのが本来の造り方だが、宮里徹は甕を使わずステンレスタンクや瓶で寝かせる方法を編み出し、短期間で旨みのある古酒のような泡盛を造り出すことに成功した。

「古くも香り高く、強くもまろやかに、辛くも甘い酒、春雨」

宮里徹は自分が目指す酒のイメージをこう表現する。

沖縄の本島、離島には二〇二一年十二月現在、四十七の泡盛蔵があるが、その一つひとつに春雨のように実は語られてないドラマがあるに違いない。

そうした蔵と長年付き合ってきたのが一九五五（昭和三十）年創業の居酒屋「小桜」だ。

国際通り脇の「竜宮通り社交街」入り口の赤提灯で、三代目主人の中山孝一は「うりずん」の土屋實幸のように古酒専門の路線を取らず、泡盛の新酒を沖縄中から集めてきて客に供する。

春雨の先代宮里武秀が安心して酔いつぶれることができる唯一の酒場がこの小桜だった。

こうした琉球泡盛の伝承に情熱を寄せる酒蔵や居酒屋を営む人びと。彼らの活動を陰になり日なたになり一貫して応援してきたのが、沖縄の本土復帰前の一九六九（昭和四十四）年に「醸界飲料新聞」を創刊した仲村征幸《なかむらせいこう》である。

牧志交番脇の竜宮通り。左側の古い木造の赤提灯が 1955 年創業の小桜

(1)　醸界飲料新聞　昭和49年10月29日（泡盛特集号）　オ30号

琉球泡盛100年の大計をたてて共に頑張って下さい

去る8月16日那覇市内ゆうな荘で昭和50年度沖縄県酒造組合連合会通常総会で佐藤東男沖縄国税事務所所長（中央）の音頭で握手する佐久本政敦会長（左）と玉那覇有義副会長

醸界飲料新聞
発行人　仲村征幸
那覇市真嘉比２４６
ＴＥＬ．54―1748

伝統を誇る首里の泡盛
石川酒造工場

社告
沖縄国際海洋博「琉球泡盛展覧会」特別企画

泡盛一本百円

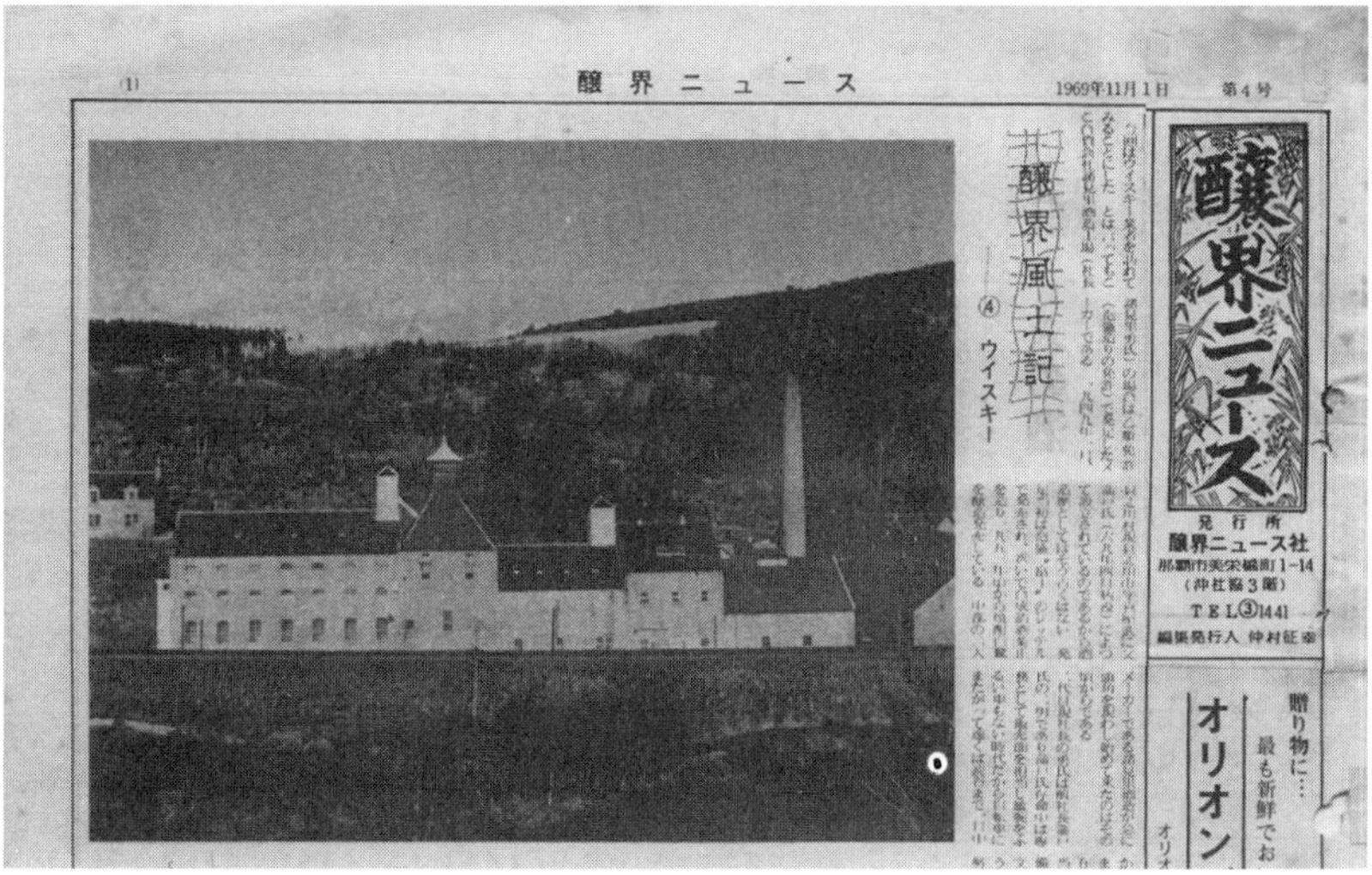
(1)　醸界ニュース　1969年11月1日　第４号

醸界風土記
④ウイスキー

醸界ニュース
発行所
醸界ニュース社
那覇市美栄橋町1-14
（沖社会3階）
ＴＥＬ③1441
編集発行人　仲村征幸

贈り物に…
最も新鮮でお…
オリオン

仲村征幸が泡盛復権のために発刊した『醸界飲料新聞』。創刊当初は『醸界ニュース』と名乗った。

泡盛の蔵元たちが酒場に集まってウイスキーを飲みながら、泡盛が売れない現状を嘆いている。仲村はそんな場面に出くわすと「泡盛を呑もうとしないお前たちに泡盛を語る資格はない。泡盛はメーカーだけのものではない。沖縄県民共通の財産であることを忘れるな」と一喝した。

仲村征幸は土屋實幸が亡くなる二か月前に八十三歳で世を去っていったが、頑固であまりに率直な性格が煙たがられ、泡盛業界の表舞台で評価されることは少なかった。

それでも「泡盛同好会」を立ち上げるなど、泡盛の魅力を底辺から広く伝えるための努力を惜しまず、土屋ら泡盛愛好者からの信頼も厚かった。

「それこそ、セイコーさんは野に放たれた蟷螂《とうろう》之《の》斧《おの》。巨大なゾウに向かうカマキリの心意気で、泡盛への誇りと自信を持ち続けよ、と訴え続けた。最後は醸界飲料新聞を取らないと国税ににらまれる、と冗談混じりに言われるほどだった」

と話すのは、泡盛同好会の会長も務めた元琉球朝日放送社長の上間信久である。

琉球王国六百年の歴史をもつ民族の酒であり、大戦後の瓦礫のなかから復興した奇跡の酒。そんな琉球泡盛について平和を求めるシンボルの酒として再生に尽力してきた人びとのドラマをこれから語り継いでいきたい。

第一章　壮絶な地上戦を生きのびて

▽中国と平和友好

民俗学者の柳田国男（一八七五―一九六二年）はかつて、愛知県の伊良湖岬にはるか南方から黒潮に乗って流れ着いたヤシの実を見て名著『海上の道』を著した。イネも沖縄、奄美……と南西諸島の島伝いに北上しながら日本本土に伝播したという説には限りないロマンを感じさせられる。そんな広大な、本州の約三分の二の海域をもつのが沖縄県である。元をただせば中国大陸とも地続きで、海底火山や地殻の変動により沈没して氷河時代の終わりの一万二千年前に、今の海洋に浮かんだ形に落ち着いたとみられる。絶滅が危惧されるイリオモテヤマネコが西表島に生息するのもかつて大陸につながっていたころに島にすみつき、現在まで種を守りつづけているからだという。

そうした悠久の歴史をもつ大海原に今から約六世紀前の一四二九年に「琉球王国」という独立国家

が誕生したことはご存じだろうか。

九州と台湾のあいだに点在する百六十一の島々のうち、最大の島が沖縄本島だ。南北の長さが九十六キロ、東西は狭いところでわずか三・二キロ、総面積でも千二百十二平方キロという狭小な島である。

その島の有力な地方豪族であった尚巴志（一三七二―一四三九年）が沖縄本島の北山、中山、南山の三山を束ねて琉球を統一して、首里城に本拠を置いた。

沖縄本島は当時農耕社会を基盤とした「グスク」（石積みの城塞）の時代にはいっており、按司《あじ》と呼ばれる首長がおのれのグスクを拠点に他地域との交易に力を入れていた。

海外に目を向ければシャム（タイ）、マラッカ、ジャワ、安南（ベトナム）など東南アジアの国々、中国、日本、朝鮮などと貿易をして平和外交を旨とした琉球王国は栄えていく。

人類が最初に造った酒は古代メソポタミア文明時代のブドウで醸したワインとされるが、沖縄の酒にはどんな歴史があるのだろうか。

十二世紀のグスク時代から薩摩の島津侵攻に遭う一六〇九年までを沖縄では「古琉球時代」と呼ぶが、この間にうたわれた神歌や歌謡を集めた『おもろさうし』という歌謡集がある。

おもろは「思い」、さうしは本土の「草紙」が語源とされ、全二十二巻に千二百首以上を収録している。沖縄研究には欠かせない古典とされるが、祭祀における酒を詠みこんだ歌のなかに「みき（神酒）」、「みしゃく（御神酒）」、「よむいき（世神酒）」などの言葉が出てくる。

これらの酒は「口かみ酒」といって、若い女性が穀類を口でかむことにより唾液に含まれる酵素がデンプンを糖化し、アルコール発酵させ酒を造るというもので、南西諸島では近代まで祭礼の場で醸されていたという。

これとは別に蒸留酒である泡盛はいつごろから沖縄で造られるようになったのか。一四六一年に琉球へ漂着した朝鮮の使節が記した『朝鮮王朝実録（李朝実録）』のなかに、那覇港の倉庫の話が出てきて、「清・濁の酒が大きな甕にあふれていた」という記述がある。

清の酒とは清く澄んだ酒の意味で、朝鮮の酒に似た強い南蛮酒で、泡盛のことと推定されている。

この泡盛が琉球へ伝わったルートについては大きく分けて二つの定説が語られる。

広く流布されてきたのが、大交易時代にシャムから「ラオ・ロン」と呼ばれる蒸留酒が沖縄へもたらされたというもので、歴史家の東恩納寛惇《ひがしおんなかんじゅん》（一八八二―一九六三年）が『泡盛雑考』のなかで、自説を展開した。

東恩納は一九三三（昭和八）年に現地を訪れた際の経験から、酒の香気・風味が同じで醸造法も似ており、仕込みに使う酒壺の大きさや形も泡盛壺と似ていることから、泡盛の起源はラオ・ロンと書いている。

このシャム起源説に対して沖縄県教育庁文化財課長も務めた泡盛研究家の萩尾俊章が東恩納の取材から六十年後に沖縄タイムス調査団の一員として現地を歩いた経験を基に中国起源説を紹介する。

萩尾がまとめた『泡盛の文化誌　沖縄の酒をめぐる歴史と民俗』（二〇〇四年、ボーダーインク）によると、琉球との交流の窓口となった十四―十五世紀の福建州には米の蒸留酒がすでに存在していて、東恩納がシャムで確認できなかった「泡を盛る」技法も福建を含む西南中国で確認された、という。

この二つの定説について、発酵学者で東京農業大学名誉教授の小泉武夫は二〇一七（平成二十九）年六月二十四日付の沖縄タイムス朝刊で「その蒸留酒の原点は、中国雲南省西版納地方にあり、そこで発生した蒸留技術はメコン川を流下してビルマ（ミャンマー）を経てシャムにたどり着いたのである」と自身の現地調査結果を明らかにしている。

泡盛という名称については、粟を原料にしていたとか、酒を意味する古代サンスクリット語由来などの諸説があるが、福建の蒸留酒醸造過程にもある「泡を盛る」という、酒の度数や出来ぐあいを測る技法から来たのではないかとみられる。

首里王府が編纂した『琉球国由来記』（一七一三年）には焼酎（泡盛）は中国との交流でもたらされたと記してあり、泡盛の伝来について中国起源説を明記している。

そんな琉球と中国は一三七二年以来朝貢・冊封関係にあり、一八六六年まで計二十三回冊封使が派遣され、福建省の泉州や福州には琉球館があって歴史的な交流を続けてきた。

朝貢とは中国の皇帝に貢物を納めて服従を誓う行為で、進貢とも呼ぶ。これに対して冊封は皇帝から その国の首長である旨を承認してもらうことを指す。

朝貢・冊封関係が成り立っても、皇帝が服属国の領土や主権を侵したり、政治・宗教・慣習に干渉したりすることはなかったので琉球は積極的に朝貢し、大陸の豊かな文物をとり入れていったのである。

中国皇帝と朝貢国の関係は皇帝の一族にたとえられ、琉球は皇帝の孫に位置づけられたという。琉球の国王が替わるごとに派遣される冊封使は総勢四百人におよんだが、一五三四年に中国から来た冊封正使の陳侃は招宴で出された酒を呑んだとき、「琉球の国王がすすめてくれた酒は清くて強烈だった。シャムから来た酒で、造り方は中国の蒸留酒と同じ」と自身の『使琉球録』に記している。

琉球が薩摩の侵攻（一六〇九年）を受けて、その支配下にはいってから泡盛は薩摩や江戸将軍への献上品としても重宝されていく。

江戸上りの使節は一六三四年から一八五〇年まで計十八回派遣されたが、献上目録では初期には「焼酒」とか「焼酎」とされていたのが、一六七一（寛文十一）年に尚貞王から四代目将軍家綱への目録では「泡盛」という名称が初めて登場している。

江戸時代の泡盛について詳しく紹介したのは新井白石（一六五七―一七二五年）で、『南島志』（一七一九年）のなかで、「甑で蒸留して、その滴露を採取すると泡のようである。これを甕中にもり、密封すること七年、これを用いる。首里で醸造したものが最上品といわれている」と詳細に記している。

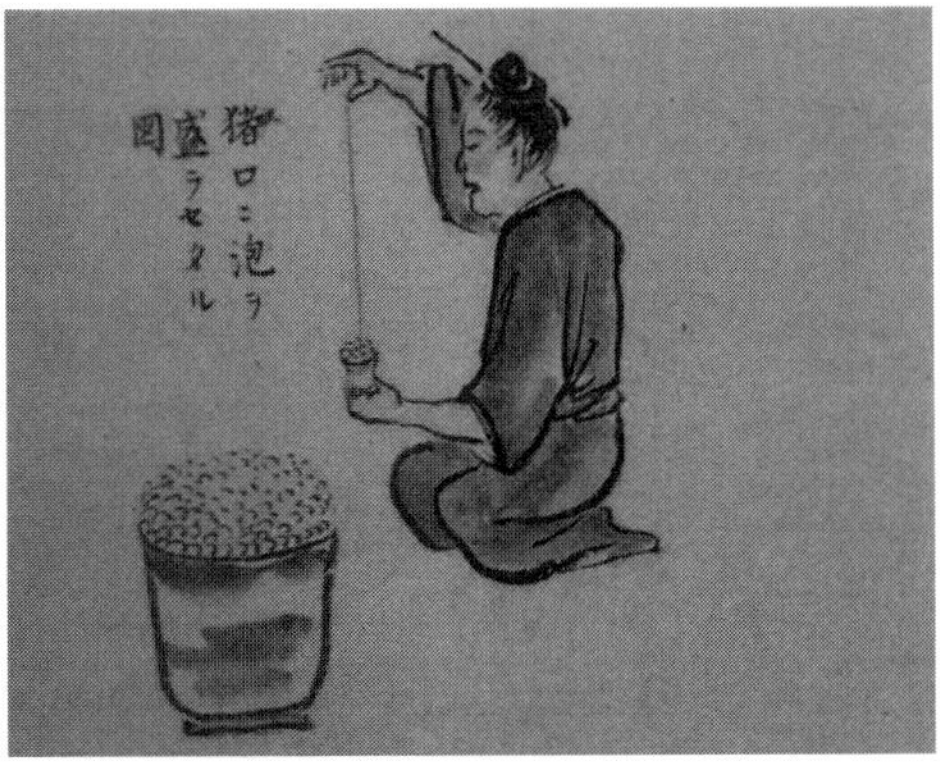

泡盛の品質管理のために泡立ち具合を見るの絵。『南島雑話』より

江戸時代の日本は十七世紀の半ば以来、外国との通商はごく限られた関係を維持するだけの政策をとってきたが、欧米諸国では市民革命によって封建制がうち砕かれ、産業革命が資本主義を急速に発展させていった。その結果、欧米列強は植民地獲得を目指してアジアへ進出してくる。なかでも、沖縄近海は十九世紀にはいると海外からの軍事、戦略的位置が注目され、英国や米国、フランスなどの艦船がたびたび姿を現すようになった。その目的も和親、通商、布教とさまざまだったが、琉球は日本進出のための防波堤と位置づけられたのである。

そうした欧米人の目に沖縄はどう映ったのか。

一八一六年に琉球王国を訪れた英国船ライラ号艦長、バジル・ホールは『朝鮮・琉球航海記』（岩波文庫）のなかで、糸満のサンゴ礁に船が着いたときのようすを次のように記述している。

「われわれは、これほど好意的な人々に出会ったことはかつてない。彼らは舟を横づけにすると、すぐ一人が水の入った壺を、もう一人は、ふかしたサツマイモの入った籠を差し出したが、代価を要求したり、ほのめかしたりするようなことはない。

その態度はおだやかで、礼儀正しかった。われわれの前では頭にかぶっていたものをとり、話しかけるときにはお辞儀をした。彼らにラム酒を与えたところ、一同は居合わせたわれわれ一人一人に頭をさげた上で、それを飲んだのである」

この航海記のなかには酒、泡盛を意味する「サキ」の記述がたびたび見られ、クライマックスの琉球王子との宴の場面を次のように書いている。

「王子の卓では盃の応酬は少なかったが、他の卓では、あらゆる口実をもうけてサキ（酒）の壺をまわしては乾杯が繰り返された。サキはそれほど強くなかったが、きわめて質がよかったから、強いられるまでもなく盃が乾された」と泡盛の味のよさを評している。

バジル・ホールは琉球訪問をはたした後、セントヘレナに流されていたナポレオンに会い、「琉球では武器を用いず、貨幣を知らない」と報告し、平和な愛おしき島の印象を自著に書き残している。

沖縄の各地に現存する石垣をめぐらしたグスクの壁を見れば外敵の侵入から身を守るために武力を行使せざるをえない時代が琉球にもあったことが分かる。

それを考えればあまりに善意に満ちた記述というほかないが、貴重な海外見聞録ということでここにそのまま紹介しておく。

それから三十七年後の一八五三年には米国人で東インド艦隊のペリー提督一行が軍艦五隻を率いて浦賀入港に先立って琉球に立ち寄った。

ペリーはホール艦長のような穏やかな人物ではない。れっきとした軍人で、日本に開港を迫るため軍艦外交に押しかけてきたのである。

徳川幕府が色よい返事をしない場合には、日本領土の沖縄に米国国旗を掲げ威力を示す、とワシントン政府に献策したそうだ。

一行が首里王府の夕食会に招かれ、泡盛の古酒とみられる酒を口にしたときのようすをペリーの秘書官であるテイラーが『日本遠征記』で次のように紹介した。

「小さな盃につがれた酒は芳醇でまろやかに熟し、きつくて甘くドロリとした舌触り。フランスのリキュールのようだ」

ペリー一行の来日中には泡盛を呑んで酔っ払った水兵が民家に押し入って老女を手籠めにしようとし、住民に追われて港へ落ちて水死したという悲惨な事件も起きている。

こうして琉球の銘酒、泡盛は、国内はもとより海外にもその存在を知られていくが、やがて江戸幕府最後の将軍徳川慶喜が大政奉還を行い、明治政府が誕生する。

新政府の琉球王国に対する方針は長年続いた中国との平和で友好的な関係を一方的にたち切らせ、日本の領土に編入させようという非情なものだった。

これに対して琉球王府の抵抗も強かったことから一八七九（明治十二）年四月、日本政府による武力を伴う琉球処分（廃藩置県）が断行され、約四百五十年におよぶ琉球王国の歴史は終わりをとげたのである。

▽格式高い辻遊郭

居酒屋「うりずん」の店主で、百年古酒運動を続けた土屋實幸は晩年、店のある那覇市の栄町から少し離れた首里の小高い丘の上に住んでいた。

世界遺産にも登録された首里城の近くだが、路地からなかへ少しはいった一角で、観光客が押し寄せる喧噪とは無縁の世界だった。

沖縄戦の激戦地で首里城本体も国宝の寺もすべてが吹き飛ばされ、荒廃した歴史ある町も今ではデイゴのまっ赤な花やブーゲンビリアの深紅の花が咲く、緑濃い町に生まれ変わった。

さわやかな風が石畳の道を吹きぬける。伝統的な赤瓦の屋根、魔除けのための石敢當、門柱に鎮座するシーサーを見ると琉球に来た気分に浸れるというものだ。

首里城の瑞泉門に続く階段の途中にある龍樋《りゅうひ》という泉では今も水がコンコンと湧き出る。琉球王国・尚真王の時代に設置されたもので、中国からの冊封使が礼賛した場所も観光客がトレビの泉のように小銭を投げ入れる名所となっている。

土屋は自宅の脇に自らが設計して作った木造高床式の酒蔵に大きな甕をいくつも並べ、泡盛を熟成させて古酒を造りつづけていた。

「と言っても、大したことをしているわけで

魔除けのシーサーと石敢當（シーサーは獅子のことで魔物や災いを追い払ってくれる沖縄の守り神。イシガントウは路地の突き当たりなどでよく見る魔除けの石碑）

はないのです。泡盛の新酒が大量に手にはいったとき、数種類を混ぜて甕にザアーッと移して寝かせる。そして折を見て貯蔵してきた酒を足して仕次ぎの作業をするだけ。古酒にかんする文献は先の戦争で焼けてしまい、参考にする資料もほとんど残ってないのが現状ですから」

こう話す土屋は自宅の酒蔵の他に車でここから北へ一時間半ほど離れた名護市の山間部にも別荘をもっており、広大な敷地内で大量の古酒を甕で熟成させていた。

シークヮーサーやパッションフルーツの果実がたくさん実り、ハイビスカスなど四季の花が咲き乱れ、ヤギやチャボ、ウサギが庭で遊ぶ自然豊かな空間。土屋はここへやってきては、本を読んだり、墓の前で先祖と対話をつづけたりしていた。

いっしょにうりずんを営んできた亡き妻のけいこもここに眠っているのだが、毎年三月末から四月中旬の木の芽が出る、それこそ「うりずん」の季節を一年のうちでも最も気に入っているのだった。

那覇には一五二六年、尚真王の治世に始まり、戦前まで四百年もの長きにわたって栄えた辻遊郭があった。

「波の上」という夕涼みのできる一角から南を見下ろしたあたりに赤い瓦屋根の平屋がたくさん並び、三線の音色が外へ聞こえていた。

女性だけで仕切る異色の花園で、アンマー（お母さん＝女将）が年季奉公のジュリ（遊女）の面倒をみていっしょに暮らした。

舞踊、音楽、料理などの琉球文化を継承する貴重な場と伝えられ、中国からの冊封使や薩摩の役人の接待にも影響を与える格式の高さで知られた。

各家を仕切るアンマーは誰でも自分の部屋に接待用の秘蔵古酒をもっていた、と上原栄子は『辻の華　くるわのおんなたち』（中公文庫）のなかで、料亭「松乃下」のようすを次のように書いている。

「古酒は辻の姐の品格を見せると言われていた。……南蛮瓶に入れた酒は戸棚のなかにございました。その他に暗い床下の地面に穴を掘り、酒瓶を二つ、三つ埋めて、一番瓶、二番瓶としるしをつけておき、古酒にうめ合わせるお酒は、床下の一番古い酒瓶から汲み出して、次々に三番から二番へという風に足しながら貯蔵しておりました」

古酒を造るには仕次ぎという作業が欠かせないことが分かる記述だが、こうしたできた美酒の肴に辻の姐たちは豆腐ようやゴーヤの漬物、豚やアヒル、魚を自ら調理したものを用意していた。

上原栄子は一九一五（大正四）年、沖縄生まれ。四歳で母の病気の治療費を工面するため辻遊郭に売られてきた。

辻にいる同世代の子どもは貧しい農家による娘の身売りやハワイ、南米出稼ぎ移民の渡航費用つくりが目的で売買された例が多かった。

それでも、辻遊郭では娘たちを大事に育てたため、「義理」「人情」「報恩」を身に着けて大人の女として成長させていったという。

転変の半生を過ごした上原は戦後那覇でいち早く料亭「八月十五夜の茶屋」を立ち上げた。

那覇が一九四四（昭和十九）年十月十日、米軍の大空襲に遭い、焼け落ちた辻遊郭の跡にたたずんだ上原栄子は「私の帰る所はここなんだ。必ずここに帰るんだ」と自分で自分に言い聞かせるようにして、強い意志をもちつづけ、在りし日の「松乃下」の一部を再現した。

一九九〇（平成二）年に七十五歳で亡くなるが、その生涯はブロードウェーでミュージカルとして上演されたり、マーロンブランドと京マチ子が主演する映画になったりしたこともあるという。

アメリカ軍政府の強権ぶりを象徴するキャラウェイ高等弁務官時代には脱税容疑で起訴され、米国民政府高等裁判所大陪審裁判の第一号となり、十三年間争った末、勝訴するなど波乱の生涯を送った。


百年古酒の世界に情熱を注いだ土屋實幸も世を去り、令和の新時代にはいった今、沖縄の泡盛造りは沖縄本島ばかりか、石垣や宮古などの離島も含め四十七の酒蔵で酒が造られている。

それと比べれば十八―十九世紀という時代の泡盛は首里三箇のみで製造が許されるというきわめて閉ざされた世界の酒だったのである。

三箇というのは首里王府のおひざ元に位置する赤田、崎山、鳥掘の三つの村のことで、高台ながら盆地になっていて水利に恵まれ、コメやアワもよく育つ田園地帯になっていた。石灰岩を通して湧き出る水は硬水で、麹菌のわき具合もよく、酒造りにも適していた。

首里王府はこの三つの村に住む焼酎職人四十人に限って酒造りの権利を与え、それ以外の製造は禁止していた。蒸留器などの製造器具は王府が管理し、原料のコメやアワは支給された。焼酎職以外の密造が発覚した場合には島流しなどの厳しい罰が下された。

首里城のなかには「銭蔵」と呼ばれる泡盛専用の倉庫もあり、役人が駐在して酒を管理していた。

そんな泡盛も琉球王国の崩壊とともに、一定額の酒税さえ払えば自由な製造が認められていく。首里では酒造業を営むところを「サカヤー」と呼び、多くの人が集まってきた。一八九三（明治二六）年には沖縄県全体での泡盛製造業者は四百四十七戸にまで増え、このうち約百戸は首里の酒屋だった。

日露戦争（一九〇四―〇五年）のころに泡盛は軍用品や工業品アルコールとしても需要が多く、生産量が大幅に増えた。首里三箇の酒造場は冷却水の使い過ぎで井戸水が涸れて、龍潭の池まで水を汲みに行くほどだったという。

シュリザケ（首里酒）を貴ぶ流れは昭和の時代にはいっても続き、一九三三（昭和八）年以降、泡盛の県外輸出も伸びていく。

このころ、製造高の五十パーセント以上は本土へ出していて、東京では本所、深川、神田、浅草などの酒販店で泡盛のノレンが目につくようになった。「度数が強いのですぐ酔っぱらえる。その上安くて旨い」と評判だった。

沖縄県酒造組合連合会は泡盛を宣伝するため、琉球絣を着た美人が泡盛の一升瓶をもち、指で瓶をさしながら「ほがらかな酔い、

戦前、本土向けに作った泡盛の宣伝ポスター

呑むなら泡盛」と言ってほほ笑む色っぽいポスターを作ったことがある。

安里の県立第一高等女学校周辺にこのポスターを貼った看板を出したところ、謹厳実直で知られる校長から「教育上好ましくないので撤去してほしい」とクレームがつけられた。

これに対して男子師範学校からはなぜ「泡盛を呑め」と書かないのか、と逆に反発の声が出るほど注目を集めたという。

（一）赤い梯梧の　花のように
燃えて咲けー　酒の花
ソレソレ酒は泡盛　精力の泉
飲もうよ朗らか　踊ろうよ

（二）日本は神国　お酒の国よ
お神酒あがらぬ　神はいない
ソレソレ酒は泡盛　精力の泉
飲もうよ朗らか　踊ろうよ

（三）呑めば若やぐ　長寿の薬
浦島龍宮（琉球）に逆戻り

ソレソレ酒は泡盛　精力の泉
飲もうよ朗らか　踊ろうよ

（以下略）

これは一九三五（昭和十）年にポリドールからレコード化された「酒は泡盛」という宣伝歌で、作詞は毎日新聞記者の宮良高夫が受けもった。発売されるやたちまち大流行し、東京や大阪でもかなり話題になったと今に伝えられる。

これより前の一九三三年には東京泡盛商組合が設立された。明治の中期に東京でも泡盛を扱う酒販店はできていたが、一同団結して泡盛の販路拡大を図ることにした。

二年後の時点で五千石（一石＝百八十リットル）もの泡盛を売っているというのは驚きだ。

東京の深川に本店を置き、浅草や上野、横浜などに支店を設けた三島泡盛店は、店の看板に「琉球古酒　王国クース　発売元」と明示して強烈な印象を与えた。

店の前に並んだ藁縄を巻いた一斗甕も南国の酒の宣伝に一役買っていた。店主の川村禎二は一八九七（明治三十）年鹿児島県生まれで、那覇市に育ち一九二二（大正十一）年に上京して泡盛の宣伝に努めた。

「高級洋酒の大敵」「国産品の粋」などのセリフに、戦後襲来する洋酒ブームを迎え撃つような小気味良さを感じさせた。

こうした泡盛礼賛の動きに軍部から「好ましいことではない」とクレームがつくようになり、

一九三七（昭和十二）年に日中戦争が始まると泡盛業界も「ぜいたくは敵」という経済統制のスローガンに飲みこまれていく。

こうした東京の動きに対して関西はどうだったか。

仲村征幸が発行した「醸界飲料新聞」は一九六九（昭和四十四）年九月から「あわもりや物語」を六回連載したが、それによると一九三六（昭和十一）年ごろ、京都・七条通りには「丸一」「丸万」「丸山」などの屋号の泡盛酒場が数軒あって早朝から深夜までよく繁盛していたという。

首里の醸造元から大阪商船を使って南蛮甕に入れた泡盛を直送していて、客は店の立ち飲みカウンターで一杯十銭の小さなコップでこの強い酒を楽しんでいた。

生のままで呑むのはよほど豪の者で、たいていはブドウ液かペパーミントを混ぜて口に運んでいた。つまみといえば塩豆やおでん、冷奴などだった。

客に貧富の差はなく、沖縄学の先進者や弁当もちの労働者たちでにぎわい、ときには琉球音楽も流れていた。

そんなのどかな時代はいつまでも続かず、息苦しい時代に移ってゆく。

一九四一（昭和十六）年十二月八日、日本による真珠湾攻撃で日米が開戦すると、泡盛の販売も切符制になり製造も制限されてくる。

一九四三（昭和十八）年のはじめには輸送船が撃沈されるため海上輸送は困難になり、泡盛の原料米も手にはいらず、県外出荷は全面停止されてしまう。

それまで四十五度が一般的だった泡盛のアルコール度数も加水して四十度から三十五度へと五度ずつ下がり、一九四四（昭和十九）年には二十五度にまでアルコール分の薄い酒になっていた。

沖縄県民にとって何より衝撃的だったのはこの年十月十日未明の米軍機による大空襲で、那覇市は三日三晩燃えつづけ、その九割が灰燼に帰した。

辻の四百年も続いた伝統的な赤瓦の花街もすべて跡形もなくなったのである。

上原栄子は『辻の華』のなかで当時のようすを次のようにふり返る。

「沖縄に本当に戦争が来るとは思っていなかったわたくしたちでした。『またいつもの防空演習だ』と寝返りをうった途端、飛行機の爆音と、ドカンドカンガシャンという今まで聞いたこともない爆弾の炸裂する音、地響きで飛び起きました。防空頭巾をひっかぶり……カツオブシや黒砂糖など貴重な食料品を入れて置いた非常袋をかついで外に飛び出しました。行く先は古井戸です」

この大空襲の七か月前に沖縄を守る使命をもって結成された第三十二軍（南西諸島守備軍）の司令部が宮古、石垣などの各島から幹部を招集し、作戦会議を開いた。

その後、那覇市波の上の沖縄ホテルで慰労の大宴会をやり、続いて辻の料亭「松乃下」の二次会に流れ、泡盛の古酒をしたたかに呑んだ二日酔いの朝に、米軍の奇襲攻撃を受けたのだった。

米艦載機カーチスやグラマンなど延べ千四百機が五波にわたって襲来し、那覇市街を無差別攻撃したが、迎撃の日本軍機は一機も飛び立つことができなかった。

沖縄連隊区司令官が爆死するなど死者約六百人、負傷者約九百人を出した。

「日本軍は本当に頼りにできる存在なのか」

「泡盛を造っている場合じゃないだろう」

県民のあいだに軍への不信感と沖縄の未来への不安も急速に広がっていく。九州や台湾へ県外疎開も相次ぎ、米軍上陸まで約八万人がこの地を離れた。

なかには「本省との連絡」「疎開先の調査」などと公務出張の理由をつくって県外へ出たまま戻らない県知事や那覇市長、那覇市会議長らもいて、那覇市では行政も空転、予算案の審議もできない状態に。

軍のなかでもそういう幹部が出て、県民は置き去りにされた格好だった。

多くの避難学童を乗せた「対馬丸」が那覇から長崎へ向かう途中の一九四四（昭和十九）年八月、悪石島周辺で米軍の潜水艦に撃沈され、千五百人近くが死亡する悲劇もそうしたなかで起きている。

こうした事件を軍部は県民には極秘扱いにしたが、いつまでも隠し通せるはずもなかった。

▽鉄血勤皇隊の少年たち

米国は日本が日露戦争（一九〇四−〇五年）に勝利したころから日本に対する国防戦略を作成していた。

「オレンジ・プラン」と命名されたその計画では、沖縄を日本本土攻略のための前進基地に位置づけた。

太平洋戦争は真珠湾奇襲など日本にとって緒戦はよかったが、一九四二（昭和十七）年六月のミッドウエー海戦での壊滅的敗北などを経て、敗色もだんだん濃くなっていく。

そうした流れへ一矢報いるために、陸軍は一九四四（昭和十九）年三月、沖縄本島に第三十二軍（司令官・牛島満中将）を、海軍は翌月に沖縄方面根拠地隊（司令官・大田實少将）をそれぞれ創設して、南西諸島の防備を受けもつことになった。

三十二軍、つまり沖縄守備軍の当初の任務は、航空作戦遂行の拠点を確保することで、沖縄本島をはじめ、伊江島、大東島、宮古島、石垣島の十数か所に飛行場を造ることだった。

だが七月にサイパンが陥落し、十月のフィリピン・レイテ島に米兵が上陸すると、台湾に配備していた軍団を急きょ比島戦線に投入することになり、手薄になった台湾防備の補充として沖縄から精鋭を集めた第九師団を引き抜くことになった。

牛島満

十月には先にも述べたように那覇へ大量の米艦載機が飛来し、絶対国防圏も崩れると、パワーを失った三十二軍の使命も航空作戦から米軍を水際で撃退する地上決戦軍へと位置づけを変更された。

大本営は沖縄を「不沈空母」と位置づけて、本土決戦までの時間稼ぎを目的に持久戦へと戦略内容も変わっていく。

これら三十二軍に指示する立場にあったのが、大本営作戦部長の宮崎周一中将、作戦課長の服部卓四郎大佐らであった。

とくに宮崎は米軍の本土上陸を一九四五年秋以降とみて、本土を防衛する準備のことしか頭になく、沖縄の行方など眼中にはなかったのである。

最終的に県民の四人に一人が犠牲になった沖縄戦の責任は二人ともとることなく、宮崎周一はその後吉田茂の招きで日本の再軍備の要職を務めていく。

瀬戸際の闘いを迫られた三十二軍は、限られた砲兵火力を最大限に利用する陣地防御に徹することになり、那覇市内はもちろん読谷《よみたん》から小禄、知念半島までを一望できる首里城の地下に大きな軍事要塞を造ることになった。

首里城は尚巴志が十四世紀末に築城したとみられる琉球王朝のシンボルである。

それは沖縄本島に住む人間にとっての話で、宮古、八重山の先島諸島住民には過酷

首里城、守礼の門

な人頭税をとり立てられた植民地支配の象徴と目に写ってきたことは忘れてはならない。

その歴史ある古城も一八七九（明治一二）年の琉球処分で最後の国王・尚泰が東京へ移住させられた後は陸軍の熊本鎮台沖縄分遣隊が駐屯していたが、正殿や世添殿は兵卒の宿舎になり、正殿前の御庭は練兵場として使われていた。

一八九六（明治二十九）年に熊本の分遣隊が引き上げると地元に払い下げられたが、建物の床や壁板ははぎとられて薪にされるなど荒廃が進み、一九一〇（明治四十三）年には代わりに沖縄県社を創建する案まで出てきた。

県社とは県より奉幣を受ける神社であり、国家神道をすみずみまで浸透させようとする明治政府の方針でもあった。

この計画に驚いた沖縄文化研究者の鎌倉芳太郎は、東京帝国大学に務める神社建築の第一人者伊東忠太に連絡をとり、内務省神社局にとり壊しを中止させた。

そんな沖縄県民の聖域がそびえる石灰岩の岩盤を地中の深さ二十メートルから四十メートルまで掘り下げ、幅約三メートル、高さ約二メートルの坑道を総延長一千メートルも掘削した。

できあがった地下司令豪は、参謀長・長勇によって「天の岩戸戦闘司令所」と名づけられた。そのなかには牛島司令官や長自身の個室、医務室、炊事場、浴室などが並び、二六時中、終日電灯がついてまるで不夜城のようだった。

ここには女性の正式の勤務員のほか、辻遊郭の芸者や料亭の従業員、朝鮮人女性などさまざまな境遇の女性が暮らしていた。この地下壕は米機が投下する爆弾や戦艦の主砲弾に直撃されてもびくともしないくらい強固だった。

当時現場にいた高級参謀・八原博通の手記によれば、地下壕には将兵ら一千人以上の食料が数か月分貯蔵され、将兵は三度の食事のほか間食と夜食までとることができた。

アルコール類も豊富で、ビールや日本酒、葡萄酒のほか、酒好きの長勇参謀長はオールドパーやジョニーウォーカーなどのスコッチを楽しんでいたという。

ただ、換気が悪くて温度も高く、湿度も百パーセント近いので、タバコはすぐ湿気てしまう状態で、鉛筆は木の部分が割れたという。将校にしてもそれなりに窮屈な生活を強いられたようだ。

この地下壕を掘る作業は主に野戦築城隊が受けもったが、近くの旧制第一中学（現県立首里高校）や沖縄師範学校の生徒たち、一般住民も動員され、工事は一九四四（昭和十九）年十二月から二十四時間三交代でつづけられた。

学生たちは軍歌や寮歌、流行歌を大声で歌い、士気を奮い立たせながらの作業にあたったという。

「山盛りの土砂を乗せたトロッコはとても重く、雑炊しか食べてなくて腹ペコの僕たち少年兵が三人がかりで押してもビクともしなかった。『お前らは気合が足らんからだ。グズグズするな』と上官に尻を蹴り上げられながらの作業だった」とふり返るのは、第一中学にいた與座章健だ。

当時、十六歳の與座は新しい軍服とぶかぶかの軍靴を履いて鉄血勤皇隊の一員に組み入れられた。子どものような兵隊の誕生で、「体を軍服に合わせろ」と罵倒された。

勤皇隊は米軍の猛攻に備え、軍司令部が十四歳から十七歳までの男子生徒約千八百人の徴兵年齢を下げて戦場へ駆りだした超法規的措置である。

後に登場する元沖縄県知事の大田昌秀も師範学校出身の勤皇隊員として、牛島満司令官の命を受けて日本が全面降伏した後も戦場でゲリラ作戦に身を投じさせられた。

鉄血勤皇隊と並んで思い出されるのはひめゆり学徒隊の存在だ。沖縄師範学校女子部の校歌と交友会誌に出てくる「乙姫」と、県立第一高等女学校の校歌と交友会誌にある「白百合」を合わせて「ひめゆり」と名づけられた。

両女子校の生徒二百四十人は戦争終結までの約三か月間、野戦病院などに送りだされ軍と行動をともにした。

傷病兵の看護や死体の処理、炊事や雑用などに不眠不休で働かされたが、敗色が濃い六月十八日に突然解散命令が出され、艦砲射撃の号砲が飛びかう戦場をさ迷うことに。

県立第一高女の教育方針は「天皇の考えに従い、アジアを興すという神聖な事業に協力すること」とされ、思想統制された軍国少女のなかには集団自決に追いこまれるケースも。

ひめゆり学徒隊ではあわせて百三十六人もの犠牲者を出したが、動員される前の少女たちの平和な日常を伝える写真や遺品は糸満市のひめゆり平和祈念資料館に保存展示されている。

首里城に地下壕を掘る作業をしていた與座章健は、米軍の沖縄上陸が近づいた一九四五（昭和二十）年三月二十六日夕、東シナ海の洋上に大小さまざまの米艦船が立錐の余地もなく並んで押し寄せている場面を見て言葉を失ったという。

「その隻数はざっと数えても一千は優に超えると思われ、日本軍はなぜ攻撃しないのか。めくら打ちでいいから大砲を撃ち込めばどれかに当たり撃沈させることができるのに。友軍機が一機も飛んで来ないのは一体、どういうことだ。信じられぬ思いだった」

米軍はシモン・B・バックナー中将率いる第十軍が沖縄攻略のアイスバーグ（氷山）作戦に基づき、この日午前九時ごろ、那覇の西に位置する慶良間列島に上陸を開始した。

幕末に東インド艦隊のペリー一行が浦賀入港に先立って琉球に立ち寄ってから九十二年後のことである。砲艦外交どころか、軍事侵攻の始まりである。

遠雷のようにドロドロと轟いてくる米軍の艦砲射撃。その音が間近に迫るなか、翌二十七日の夜に挙行されたのが第一中学の五十七期生と五十八期生の合同卒業式だった。

その場に来賓として出席した知事の島田叡は「敵前で

米軍が伊江島に上陸、1945年4月＝米沿岸警備隊撮影

挙行される本日の卒業式は、わが国の歴史に前例のない日本一の卒業式であります」とあいさつして、若者たちを鼓舞激励した。

島田は前任知事の泉守紀が中央折衝のための出張と称して上京したまま戻らなかった後に、「おれが行かなければ誰かが行かされる」と言って一九四五（昭和二十）年二月に大阪府の内政部長から赴任した第二十七代目、官選最後の沖縄県知事である。

兵庫県出身で、神戸二中、三高、東大と野球選手をしていたスポーツマンで、ピストルと青酸カリをカバンに忍ばせて那覇へ覚悟の上での赴任をした。

そうした姿勢に共鳴した首里市長の仲吉良光は軍にかけあい、豚肉をとり寄せ首里の自慢料理「味噌煮豚」と泡盛の古酒で島田知事を歓待したところ、古酒は真に旨いと大いに喜んだという。

仲吉市長はこの場で本土からの食糧搬入は今後困難になるので本島中部で自給用の食糧増産が必要などと県政上の重要課題について説明した。

島田はただちに全県農村の若者に行動が自由になる夜間にいもを植えつけさせる一方で、自ら台湾に飛び総督府にかけあって沖縄へ台湾米三千石配給を実現させた。沖縄にはわずか二、三か月分の米しか備蓄がなかったときの英断である。

島田叡は空襲、艦砲射撃、地上砲火がつづくなかで、県民の避難誘導にも力を入れ、県民本位の行政に尽力した。

県庁職員も「この知事とならば命を捨てられる」と慕って後をついてきたという。

仲吉は島田にあるとき、「長官、戦争に勝ったら第一番に何をなさいますか」と尋ねたところ「三日二晩飲み明かす」と笑って答えたという。沖縄という土地柄と泡盛の古酒をよほど気に入ったのだろう。

仲吉本人は新聞記者出身で、一九四二年に郷里の首里市長に就任し、泡盛産業の振興にとりくんだ。戦後は沖縄の祖国復帰運動に身を投じ、日本復帰の父と呼ばれたことも。

しかし、沖縄本土に上陸した米軍との戦闘は日増しに苛烈さを増していく。

五月十二日、米軍は首里城の西約二・五キロの「シュガーローフヒル（棒砂糖の丘）」という小高い丘に迫り、日本軍と頂上占拠が一日で四回も代わるほどの激戦をくり広げた。

今の那覇の新都心・おもろまち一丁目、巨大免税店ＤＦＳギャラリアが近くにある場所で、丘陵が砲撃で白っぽくなったことから米軍はこう名づけた。

闘いのあまりの激しさから米側に戦闘恐怖症患者が続出したが、首里城には日本軍の地下司令部があったため、さらに猛攻撃がつづけられた。

第三十二軍の司令官牛島満はシュガーローフの攻防から十日後、「首里を撤退し、残存する兵力と足腰の立つ島民とをもって、沖縄の南の果てで最後の一人まで戦いを続ける」と高級参謀八原博通に言明した。

南部へ逃れている県民約十五万人を巻きこんで島尻全域を〝戦場の村〟化する作戦で、島田は「戦線をさらに拡大することになり、県民の犠牲は大きくなる」として、牛島に首里で戦闘を終えるよう申し入れた。

実は島田叡は牛島満とは上海総領事館勤務時代からの知りあいで、牛島の意向も受けて沖縄県知事にきた経緯もあったのである。

知事は行政官という立場上、軍に協力することになっており、島田は「鉄血勤皇隊員の編成ならびに活用に関する覚書」に調印して、與座章健ら十六歳の少年を超法規的に戦場へ駆りたてた。

先に触れた第一中学の合同卒業式に出席した島田の挨拶が「前例のない日本一の卒業式」と若者たちを奮いおこす内容になったのもそうした背景があったからである。

しかし、県民にも玉砕を迫る牛島の作戦は無謀というほかなく、島田は「私は何としても県民を守らなければならない」として、県庁を解散し、非戦闘員である部下たちに行動の自由を与え、生きのびる機会を与えようとした、という。

それでも、「県民の多数を非業の死に追いやった責任がある」として、島田叡と腹心の県警察部長・荒井退造は戦火に包まれる摩文仁の丘へ向かった。

沖縄戦が終息した六月以降も二人の消息は分からないまま、後世に「沖縄の島守」と讃えられた内務官僚たちの生きざまである。

▽仏のような上官

鉄血勤皇隊に組みいれられた少年たちは十分な訓練も受けないまま戦場で陣地構築や重要事項の伝令のほか、食料調達、なかには爆薬を背負い米戦車へ体当たりを命じられた者もいて、最終的に約九百人が命を落とした。

勤皇隊員二人のうち一人が犠牲になる過酷な運命を背負わされた。そんな新米二等兵の與座章健にとって忘れられない不条理な体験がある。

米軍の沖縄上陸から三週間後の一九四五（昭和二十）年四月二十日前後の夜、首里の地下司令部で待機中に上官から「崎山町の酒造所へ行って泡盛を汲んで来い」と命令を受ける。

米軍の襲撃におびえながら勤皇隊の二、三人と空の石油缶を二つつるした天秤棒を担いで酒蔵へ。缶に泡盛をなみなみと満たして地下豪へ戻る途中、頭上でいきなりバーンという音とともに米軍の榴散弾がさく裂し、地面に破片の雨が降り注いだ。

「怖くなって一目散で豪へ逃げ帰ったが、泡盛の大半は缶から外へ流れ出てしまった。上官に何と報告したか覚えていない。牛島司令官のような軍の上の人に届けるための泡盛ではなく、多分直属の教導兵あたりが自分たちで呑む酒を欲しがったのだろう。

酒のために命を失ってどうするのか。『糞くらえ』と腹が立って仕方なかったが、『上官の命令は天皇陛下の命令。絶対服従だ』と教え込まれた以上、従わざるを得なかった」と與座は当時を回想する。

鉄血勤皇隊の少年たちは教導兵の命令で壕に隠れていた住民を追い出したり、民家の食料や畑の野菜を盗んだりとあらゆることをさせられた。

口答えなどしようものなら、往復ビンタを食らい、体が立たなくなるくらい激しい体罰を受けた。

「俺たちだってお国のため頑張っているのに、どうしてこんな理不尽な目に遭わなければいけないのか」と地下壕の片隅で号泣する若者もいたという。

上官の教導兵にしても、勝ち目のない絶望的な闘いを前にしてやり場のない感情を年端もいかぬ少年兵たちに八つ当たりして憂さを晴らしていたのかもしれない。

第三十二軍の司令官に着任する前の牛島満は、陸軍士官学校長をしていて体罰を軍の現場からなくすよう努めてきた。軍人としては温和で、慈父のように語られもしたが、自らの足元でくり広げられていたそんな蛮行にまで目は届いていなかったのだろう。


鉄血勤皇隊員の奴隷のような生活のなかで、與座章健が「自分が生き残ることができたのは盾になってわれわれ弱い者を守ってくださった篠原保司隊長がいてくれたからだ」とあの時代をふり返る。

篠原については、読売新聞OBの田村洋三著『沖縄一中鉄血勤皇隊』（光人社）にくわしいが、熊本県出身の陸軍中尉で、沖縄一中に配属将校として派遣され、鉄血勤皇隊の隊長を務めた。

沖縄赴任前はソロモン群島のブーゲンビル島戦線で米軍の物量攻撃のすさまじさを体験して、負傷しながらも辛うじて生き残った猛者だった。

しかし、そんな雰囲気は日ごろ微塵も感じさせず、眉目秀麗な姿は「軍服を着た教育者」として生徒たちから尊敬を集めていた。

そんな篠原がある夜、勤皇隊の少年たちにリンチを加えていた教導兵九人を呼び出し、一列に直立させ一人ひとりをビンタで張り倒していった。

「勤皇隊員はこの戦争で共に戦い、死んでいく身だ。少しは労わってやれ。以後、私的制裁は厳禁する」と言い渡した。

このようすを物陰から見ていた元勤皇隊員の一人は「篠原隊長を仏さまのような存在に思った」と証言する。

篠原保司はブーゲンビル島で敗戦を身をもって体験しているだけに、沖縄戦の行方も冷静に見つめていて、人情家でありながらも生粋の軍国主義者だった沖縄一中の校長・藤野憲夫と対立する場面もあった。

「この戦争はもう負けです」

「貴方がそんなことを言ってはいけない。日本は大本営が存在する限り不敗です」

教諭の集まりで二人が激しく応酬しあったこともある。

篠原は病気の隊員や体力の弱っている少年を除隊させて家族の元へ返していた。

與座章健も泡盛調達を命じられた十日後には「諸君に食わせるだけの食料はない」という理由で、他の十八人とともに突然除隊させられた。「自分は体調を崩してなかったが、身体がクラスで一番小さかったから同情されたのかもしれない」と話す。

除隊を知った班長が與座たちに「貴様らの故郷は誰が守るのか」と怒鳴ってリンチを加えたことはいうまでもない。

弾丸砲火が飛びかうなか、実家のある津嘉山から親慶原に移っていた家族と合流した與座章健は梅雨のさなか、泥だらけの道に足をすくわれながら、知念半島方面へと向かった。途中、米軍の攻撃の巻きぞえになった犠牲者や力つきて倒れた人びとを横目に見ながらの逃避行は辛かった。

しかし、與座も飢えと疲労が極限に達し、六月十四日に家族で米軍へ投降した。

玉城村百名の捕虜収容所では多くの知人の姿を見て驚いたが、何よりもショックを受けたのは米軍の重装備の大型戦車だった。

「ブリキのおもちゃのような日本軍の戦車で勝てるわけがないではないか」と思い、悔し涙を流したという。

収容所では遺体の処理などの仕事をやらされた。

八月十五日には米軍の打ち上げる祝砲で日本の無条件降伏を知ったが、負けて悔しいと思う余裕すらなかったという。

與座章健ら学徒の盾となった鉄血勤皇隊の隊長篠原保司は、それより前の六月十日ごろ、多くの女性や年寄り、負傷者を連れて沖縄本島南果ての喜屋武村を移動中、ガジュマルの木陰で仮眠しているときに砲弾の破片をこめかみに受け戦死した。

その砲弾は第三十二軍が陣を構える摩文仁の丘方面から飛んできたという。享年二十五歳という短い生涯だった。

篠原自慢の軍刀は友軍の敗残兵が持ち去ったとみられ、隊員は軍刀のない隊長の野辺の送りを悔しがって涙を流したと伝えられている。

沖縄一中への配属将校篠原保司とときに対立することもあった静岡県出身の藤野憲夫は名校長として語りつがれている。無人のサトウキビ畑でキビをいただくときにはかならずいくらかのお金を包むという日ごろの仕草が尊敬を集めていた。

その藤野も篠原が戦死した一週間後に、三十二軍司令部壕近くで米の銃撃に遭い、帰らぬ人となった。

▽軍首脳最後の酒宴

沖縄戦では最終的に米軍の死者一万四千名余に対して日本軍の死者九万名余、非戦闘員の一般住民の犠牲者は十五万名余を数えた。

沖縄県民の四人に一人が命を落としたわけで、米紙ニューヨークタイムスの従軍記者ハンソン・ボールドウィンは沖縄戦を「戦争の醜さの極致」と形容したが、沖縄戦の一般住民犠牲者が日本本土全体の非戦闘員死者約三十万人の半分であったことを考えても、沖縄へいかに大きな負担と犠牲を強いたかが分かるというものだ。

それも東京の大本営が沖縄を本土防衛のための捨て石として必要な存在と位置づけたからだった。

現地でこの作戦の指揮を執ったのは第三十二軍の参謀長で中将の長勇。ノモンハン事件でも名を残した積極攻勢派で、豪放と稚気が同居した何かと話題になる人物だ。「軍人にならなければ侠客の親分になっただろう」とも語られた。

沖縄へ着任してからは新聞記者相手に次のような放言をしてきた。

「軍の指導を理屈なしに素直に受け入れ、全県民が兵隊となることこれなり。一人十殺の闘魂をもって敵を撃砕するのみ」

「一般県民が餓死するから食糧をくれ、と言ったって、軍は応ずるわけにはいかぬ。軍は戦争に勝つ重大任務の遂行こそ、その使命であり、県民の生活を救うがために、負けることは許されない」

そのような非情なリーダーに率いられた第三十二軍はどのような闘いを進めたのか。

数百年の歴史を誇る首里の町には司令部があったため、米軍の陸空海からの猛爆撃に遭い、緑の丘の王城はもちろん二十数軒もあった国宝建造物の寺などもすべてが粉々に吹き飛んで、白い焦土と化した。

そのようすは米国陸軍省編『沖縄日米最後の戦闘』が以下のように生々しく伝えている。

「沖縄第二の都市・首里は、完全に廃墟と化した。砲兵隊や艦砲射撃が首里に撃ちこんだ砲弾は、推定二十万発。その上、無数の空襲で四百五十トンの爆弾が投下され、さらに何千発という迫撃砲弾が叩きこまれた。残っているのは、コンクリート造りの二つの建物だけ。一つは首里の南西端にある中学校（沖縄一中）、もう一つは首里のまん中にある一九三七年に建てられたメソジスト（首里）教会で、かろうじて建物を支える壁が残っていた。

汚れた狭い舗装道路は高爆発性爆弾で粉々に砕かれ、たくさんの屋敷の石垣が崩されて散らばり、瓦礫や砕かれた屋根の赤瓦がうず高く積もっていた。日本兵のぼろぼろになった軍服の切れはし、防毒面、ヘルメット帽や、また沖縄の民間人の暗い色の衣服が無数に飛び散っていた。この、まるで月の噴火口のような光景を呈しているところに、何ともたとえようのない腐った人間の死臭が、いつまでも宙に漂っていた」

米軍の圧倒的な戦力に屈した第三十二軍司令部は五月二十一日、首里から撤退し、南部の喜屋武半島を目指すことになった。

艦砲射撃でたたかれ、廃墟になった首里城には星条旗が翻った。

焼きつくされた跡からはかつて首里城正殿に掲げられ、海洋貿易国家として栄えた琉球王国の気概を示す銘文が刻まれた「万国津梁《しんりょう》の鐘」が見つかった。

戦力が半分になり、主力戦が不可能となれば降伏か玉砕が通常の軍隊の選択肢となるが、大本営の方針で「本土決戦準備のための時間稼ぎをせよ」と指示されたため、さらに犠牲者を増やす敗走を余儀なくされることになった。

首里防衛の最前線の一つ、浦添の前田高地で死闘を経験し、戦後法政大学教授をした外間《ほかま》守善《しゅぜん》は「首里の軍司令部が首里高地を最後の抵抗の地としていたら、日本陸軍の栄誉をまっとうできただろう」と自著『私の沖縄戦記』で書いた。

外間は一九二四（大正十三年）生まれで、元沖縄県知事の大田昌秀と同じ沖縄師範学校の出身。第二十四師団歩兵第三十二連隊第二大隊（八百人）に配属され、「ありったけの地獄を一つにまとめた」と米軍に言わしめた前田高地の闘いで生き残った二十九人のうちの一人だった。

当時の戦闘のようすを『私の沖縄戦記』で次のように記している。

「我がほうは、あらゆる弾を撃ちつくし、残るはわずかな手榴弾と拳大の石塊、白兵戦によるのみであった。手足や胴や腹がバラバラになった戦友の死体が積み重なり、凄絶な状態だった。応戦するにしたがって私たちは毛布一枚を持って手榴弾戦に臨む戦術、転がってきた敵の手榴弾を拾って投げ返す戦術などを身につけ必死に戦っていた。白兵戦の私たちの突撃に、一目散に逃げ断崖から転げ落ちた米兵もいたという。しかし、私たちが戦えば戦うほど報復砲撃は猛烈だった」

そんな地獄の戦いの最前線に立たされた外間守善が陸軍の栄誉について触れたのは、南部にはすでに軍の指示に従い、一般住民約十五万人が避難していたからだった。

そうした軍民混在の想像を絶する場に、米軍は徹底的な追撃と掃討をかけてきたのだから阿鼻叫喚の地獄絵が描かれるのが戦争の本質というものだろう。

その軍に「待った」をかけようとしたのが、先にも触れた知事の島田叡だったが、「軍官民共生共死」を叫ぶ軍が聞きいれるはずもなかったのは歴史に刻まれた通りである。


與座章健の旧制一中時代の同級生、比嘉重智は首里の崎山町で「安慶名のサキ（酒）」の屋号で知られる泡盛の造り酒屋に生まれた。

家には当時としては珍しい蓄音機があり、レコードを聴くのが好きな温厚な少年だったが、鉄血勤皇隊員になって野戦重砲兵第一連隊の医務室に所属した。

比嘉は艦砲射撃におびえながら、負傷兵の搬送に当たっていたが、與座が投降した日から五日後の六月十九日、現在の糸満市に当たる真壁村の壕にいるとき、直属の一等兵から爆雷が入った木箱を持って敵の戦車へ突っ込め、と命令を受けた。

戦争末期、大本営陸軍部は必勝戦法として十キロの火薬を入れた急造爆薬を抱えて敵戦車に体当たりして爆破する戦法を編み出した。柔道、剣道などの猛者から選りすぐって編成したこの暫込隊は「菊水隊」とも呼ばれた。

学生が参加させられ、殉死した者には三階級特進の恩典が約束されたが実現したのか、その後の話は聞かない。

身長百六十八センチ。当時としては背が高いという、それだけの理由で上官から目をつけられた比嘉重智は「仕方なく爆雷を担いだが、死の恐怖も通り越して無我の境地だった。ただ涙が出て仕方なかったので、皆に気づかれないように横を向いて涙をぬぐった」と当時をふり返る。

比嘉は間一髪肉弾戦への参入は免れたが、勤皇隊員の少年の純心な気持ちも軍隊と行動をともにするうちに荒んでいく。自分たちの壕に逃げこんできて救いを求めた子ども連れの老女を追い返したこともあったという。

「私たちもいつのまにか精神状態がおかしくなっていた。学生ですらあの戦争では加害者になっていったのです」と比嘉は後年琉球新報の取材に悔悟の思いをこう吐露した。

戦乱に巻きこまれた一般住民はさらに悲惨だった。琉球政府編『沖縄県史・沖縄戦記録』には次のような記述が出てくる。

「壕にはいっている人びとに兵隊が『三歳以下の子供を連れている人はいるか』と呼びかけると、

乳児を抱いた若い母親が前へ出てくる。『年が若ければ子供はいくらでも産むことができるから、自分で始末しなさい。でなければこっちが切り殺して捨てるから』と命じる。母親は壕から外へ追い出されて食料もなく、やがて乳児は息絶えた。乳首を吸う感触があったという。

砲弾が雨あられと降るなかを人びとは安全地帯を求めて逃げまどったが、ガマ（自然にできた洞窟）や亀甲墓、家畜小屋、岩や樹木の下などに避難しても爆風にさらされる。友軍のはずの日本兵から食料を強奪され、壕から追われ、はてはスパイ嫌疑の虐殺などの仕打ちを受けた。

集団自決に追いこまれるという目をそむけたくなるようなケースもあった」

首里を放棄した第三十二軍が最後の拠点に構えたのが摩文仁の丘にある鍾乳洞だった。東シナ海に面した岩場の全長約百メートルの、首里城の地下と比べれば司令部壕の体もなさないような小さくて粗末な空間だった。波が打ち寄せる音だけがよく聞こえてくる。

戦局は日本軍にとって絶望的になり、この壕がある八九高地も米軍に包囲され、米第十軍司令官バックナー中将は牛島司令官宛に二度にわたって降伏勧告を促した。

「貴官が孤立無援のこの島で劣勢な兵力を率い、長期にわたり善戦せられたことは予始め我が軍将兵の称賛惜《お》くあたわざるものである。

この上、残虐な戦闘を継続し、有為な多数の青年を犠牲にするのは真に忍びえないし、また無益である。人格高潔な将軍よ、速やかに戦いを止め、人名を救助せられよ」

牛島はこの勧告を六月十七日に受け、「武士として受けるわけにはいかない」として無視したが、翌十八日にそのバックナー自身が前線基地で日本軍の砲弾の破片を受け死亡した。

米側が最高階級幹部の戦死に衝撃を受け、日本側にさらに激しい報復を加えたことはいうまでもない。

その日夜、日本側は万策もつきはてて司令官牛島満と参謀長長勇は洞窟のなかで軍首脳部最後の晩餐会を開いた。

飢えと闘いながら戦火に逃げまどった民衆からすれば想像もつかない世界だっただろう。

その場に居合わせた八原博通が戦後公刊した『沖縄決戦　高級参謀の手記』（中公文庫）によると、その場面は次のようだった。

「出席者は十三名。参謀部洞窟。非常に狭いので、先任者半数が鍾乳石で怪我せぬよう首を曲げて座し、他は通路上に立つ。ロウソク二本が、薄暗く洞窟内を照らしている。ご馳走は鰤、魚団、パインアップルのかん詰め少々、恩賜の加茂鶴一本、それに若干の琉球酒泡盛があった。

司令官、参謀長の挨拶は淡々としたもので印象に残るような言葉はなかった。ちょっとでも刺激的な言葉が出れば、涙をさそう緊張した空気だ。

（略）

宴は参謀長の酒のまわりのちょうど好いころ、はるか東方に向かい万歳を三唱して納めになった」

この後、六月二十二日未明、第三十二軍司令官の牛島満と長勇は自決して沖縄戦の組織的戦闘は終結した。

大本営は二十五日にその旨を発表し、朝日新聞は翌日付一面トップで「沖縄　陸上の主力戦最終段階」と報じ、「皇軍真髄発揮　米、戦史類なき出血に呻く」と脇見出しにとった。

社説では沖縄戦を教訓として「本土決戦にのぞめ」と訴えた。

新聞が軍部に屈服して、事実を事実として報道できなくなった時代の紙面である。

その三十二軍が崩壊していくさまを内部から目撃していたのが戦後沖縄県知事も務める大田昌秀だった。

一九二五（大正十四）年久米島生まれで、沖縄師範学校在学中に鉄血勤皇隊に組み入れられ、千早隊という司令部直属の情報宣伝と地下工作を担う重要な仕事を受けもたされた。

軍首脳最後の酒宴まで至近距離から見ていた大田は「八原高級参謀たち残りの幹部は本土へ戦況を伝えるための密命を帯びて洞窟を去って行った。地元民に変装するため、軍服を脱ぎショートパンツをはき、白いすねを見せて出ていくさまを見て、日本は戦争に負けたんだと思い深いため息が出た」と語り、次のようにつづけた。

「長参謀長はいつも昼から酒を呑んで大言壮語するばかりで、軍部内での評判はあまりよくなかった。牛島司令官は見た目には慈父という温和な感じだったが、スパイ養成目的の陸軍中野学校の卒業生を沖縄各地の小学校に教師として潜入させ、秘かに住民の行動を監視していた」

朝日新聞

沖繩陸上の主力戰最終段階

軍官民一體の善戰敢闘三箇月

廿日敵主力に對し 全員最後の攻勢

殺傷八万、撃沈破六百隻

二十二日以降 狀況詳かならず

皇軍の眞髓發揮

米、戰史類なき出血に呻く

沖繩島

"長恨千歳に盡るなし"

牛島最高指揮官 盡忠、訣別の打電

包圍爆撃・覺悟の上 來敵必滅の決意

我にあり國土兵站の利

大國の專制獨善へ

不安定な米英ソの協力

沿岸掃海の敵を撃退

バリックパパン熾烈の両翼戰

"効果的な特攻攻撃"

策略の新提案拒否

日本貯蓄銀行

社説 皇軍精華の發揚

1945 年 6 月 26 日付朝日新聞朝刊 1 面

大田昌秀《おおたまさひで》にとって一番の葛藤となったのが、牛島が自決に先立ち各部隊に発した次の命令だ。

「爾今各部隊ハ各局地ニオケル生存者中ノ上級者之ヲ指揮シ最後マデ迄敢闘シ悠久ノ大義ニ生クヘシ」

悠久ノ大義とは、天皇への永遠の忠義という意味をもつ。

生き残った部隊員に対して戦闘終結を指示するのでなく、最後まで天皇陛下のために戦えと命令した内容である。

このころ摩文仁の丘周辺海域には米艦艇がひしめき、「兵士諸君、君たちは日本軍人の名を守り通し、よく戦った。しかし、諸君の責任はすでに終わったのである」と降伏勧告放送をくり返していた。

大田はそれを聞きながらも、牛島司令官の最後の指示を忠実に守るべく本島南部の海辺や山中に身を隠しながら、地下工作をつづけた。

八月十五日の天皇陛下の玉音放送につづき、九月二日の戦艦ミズーリ艦上での降伏調印で太平洋戦争はすべて終わった。

その五日後に沖縄本島、宮古島、奄美大島から日本軍の代表が集められ、降伏文書に調印して沖縄戦は正式に終結した。

大田昌秀が実際に投降したのは十月二十三日。牛島司令官が自決してから四か月もたってからだった。

八重瀬町の世名城という集落にある壕に敗残兵とともに潜んでいるとき、日本軍の旧将校が訪れ、天皇の終戦の詔勅をもってきたからだった。

▽古酒を愛した男爵

あの過酷な沖縄戦では琉球泡盛の古酒を愛し、その魅力を後世に伝えた人物も糸満の壕で戦場の露として消えていった。

日本に武力で解体された琉球王国最後の王、尚泰の四男尚順である。若いころは黄金のかんざしを結髪にさして大和馬にまたがり、首里と那覇を往復する姿を見て人びとは「松山王子」と親しみを込めて呼んだ。

尚順は一八七三（明治六）年生まれ。尚泰が首里城を明け渡した日、まだ六歳だったが、「子供心にも、城中騒然とした気配を不審に思っていた」と当時の思い出を『月刊琉球』に書いている。

琉球王国と中国は長年の平和で友好的な交流関係をつづけてきた。

首里城明け渡しの少し前、親中国派の志那党首領・亀川親方盛武が深夜尚泰国王を訪れ、激しい言葉でつめ寄っているようすを尚順は見聞きしている。ものを言うたびに、胸まで垂れた白いヒゲがかすかに震えるのを見た記憶があるというのだ。

親方というのは沖縄では士族が賜る最高の称号で、国政の要職につく人物のみが名乗ることができる。

その亀川親方が「大和と手を切って、中国の救援を待たれよ」と説得に来たのでは、と尚順は後に親しい友人にうち明けている。

王位を奪われた父親が華族として東京移住を強いられ、尚順も新時代の空気を吸いながらも、首里に戻って沖縄初の日刊新聞を創刊したり、沖縄銀行を設立したりした。貴族院議員も務め、地元政財界にさまざまな影響を与えつづけた。

尚順は学者、芸術家との交流も好んだため、京都の画家富岡鉄斎（一八三七―一九二四年）は本人を「琉球の殿様」と呼んで親しく交わった。

公職を終えた後の尚順は首里桃原町の邸宅、松山御殿で暮らし、「温暖な沖縄の地理的有利性を活用して園芸農業を推進し、大正末期の疲弊困窮した沖縄県の振興を図ろう」として桃原農園を経営した。メロンやパパイヤ、パイナップルなど南国の果樹を栽培する土地には多くの観光客も訪れた。

尚順

と同時に、美食と書画骨董に明け暮れる余生を送り、民芸運動の柳宗悦（一八八九―一九六一年）や洋画家の藤田嗣治（一八八六―一九六八年）ら本土の文化人を沖縄に招き、自慢の三百年古酒と琉球料理で接待したことでも話題になった。

尚順は、茶は宇治、長崎からはカラスミ、チョコレートや菓子は神戸からと、日本中の美味なものを沖縄へとり寄せていた食の達人でもあった。

本人が執筆した「古酒の話」や「豆腐の礼賛」、「琉球料理の堕落」は『松山王子尚順遺稿全文集』にまとめられているが、いずれも泡盛の本質とは何か、琉球料理の神髄を追い求めた貴重な文献として今に読み継がれている。

「古酒は単に沖縄の銘産で片付けては勿体ない。何処から見ても沖縄の宝物の一つだ。元来泡盛の古酒が西洋辺りの葡萄酒の様に、只穴倉に入れ置いて済むものではない。古酒を作るには最初からこれに注ぎ足す用意として、少くも二、三番乃至四、五番迄の酒を作って置きながら、数百年の間、蒸発作用に依る減量酒精分の放散等に対し、常に細心の注意を以て本来の風味を損ぜしめない様に貯えて置く苦心を認識した、誰しもこれに宝物の名称を冠するに於いて異論は無いのだろう」

尚順本人は下戸だったが、こういう書き出しで始まる「古酒の話」では、古酒は丁重な料理でも宴の最初からは出さず、三番目の吸物が出る前に主人が五勺か一合くらいの小酒器に自らついでまわり、一杯だけでおかわりはさせない。

客は古酒をなめるように賞味し目を細め讃辞すると、主人はにっこりして「ならもう一杯」と盃を進めるというもので、酒好きの第三十二軍参謀長の長勇がしたようにガブ呑みするものではないのである。

尚順は古酒のウンチクについて語った後、「古酒の秘蔵法はケチ臭く愛蔵しているばかりではいけない。時々は取り出して自らも呑み、人にも供する必要がある」として泡盛を将来に残していくための仕次ぎの重要性にも触れている。

金庫の鍵は家来に持たせても、古酒蔵の鍵は主人が持つという風習や、古酒の香りについても紹介。「白梅」のような饐付油の匂い、熟れたホオズキの香り、雄山羊の匂い、のいずれかに該当すると泡盛の分類法まで示してみせた。

余談ながら、年代物の古酒にそれより少し若い古酒を注ぎ足す仕次ぎはスペインのシェリー酒を熟成させる技法とも共通する世界でも珍しいブレンド技術である。


尚順が書いた「豆腐の礼賛」で注目されるのは「世界的唯一と迄は行かざるも主位に列なる珍味」と評した豆腐ようだ。

これは中国が明の時代に琉球王国へ伝えた腐乳が元になったといわれているが、腐乳は雑菌の繁殖を抑えるために塩漬けにするのに対し、豆腐ようは泡盛に漬け防腐効果を高めているところが特色になっている。

腐乳は味が濃厚で婦人子どもには不向きだが、豆腐ようは淡泊でフランスのチーズと比較されたことも。

英国船ライラ号艦長、バジル・ホールが十九世紀初頭に那覇へ来航して琉球王国の饗宴に招かれた際、「何やらチーズによく似ている」と感じたものがこの豆腐ようで、古酒との組み合わせも良かったのだろう。

首里城に近いところにある一軒家で、令和の時代にはいった今も琉球王朝以来の伝統を継ぐ豆腐ようが作られていた。

「古式豆腐よう与儀」を営む与儀華江と姪の松島洋子が天気のいい日にカットした豆腐を陰干しす

る作業に励む。この後、泡盛、白麹、紅麹を混ぜた汁に数か月漬けこみ発酵、熟成させた一品はきめ細かな舌触りと独特の風味が印象に残る。

古酒との相性も良く、知る人ぞ知る名物になっている。

与儀華江の母方の先祖は首里王府の要職。本人は沖縄戦の直前、熊本への疎開船のなかで生まれたが、戦後首里へ戻った母親のトヨが代々受けついできた秘伝の味を娘の華江にも伝えた。

「お酒に合うばかりでなく、良質の植物性たんぱく質なので滋養食にも向いている。戦火も潜り抜けてきた味なので、絶やすわけにはいかないのです」

与儀華江はこう言って、東京でモデルの仕事をしている松島洋子が三か月に一度帰省するたびに、豆腐よう作りを教えてきた。

「親戚が集まるときには必ず出てきた懐かしい味」という松島は「豆腐よう松島」の名前でネット販売しているが、角のないまろやかさが好評だ。

豆腐ようのような宮廷料理ばかりに尚順は関心をもったのではなく、アイゴの稚魚の塩漬けを島豆腐にのせたスクガラス豆腐のようなどこの沖縄料理屋でも目にする品書きも、元はといえば尚順のアイデアなのである。

カットした豆腐を干している

「琉球料理の堕落」では、「料理の要訣は塩の味を使うことであるのに、近頃の琉球料理を作る人は全然塩を用うることを知らない」として柳宗悦を沖縄に迎えた際の豚肉料理の中身についてもばっさり切って捨てた。

沖縄の食生活は「豚に始まり、豚に終わる」「鳴き声以外はすべて食べる」といわれるほど豚肉が中心になっている。琉球に豚は十四世紀に中国からもちこまれ、飼育が始まった。冊封使のもてなしや琉球王朝の宮廷料理として発展した。

そんな歴史があるので、甘辛く煮つけたラフテーや足テビチなどの豚肉料理が尚順にとっては納得のいくでき栄えになっていなかったのだろう。「豚の料理は塩味との関係が最重要」として本場の料理人がそれを知らずでは片腹痛しではないか、と。

そんな尚順と戦前に交流があったのが京都在住の画家で文人でもあった山里永吉（一九〇二―一九八九年）だ。京都に移る前は尚順邸で毎週のように夕食を共にするほど親しかった。

その山里が書いた『壺中天地――裏からのぞいた琉球史』（光有社）によると、尚順の家には尚穆王時代の二百年古酒があって、「よくご馳走になったものだが、芳醇という文句は、

テビチで作った島おでんは琉球名物

古酒の為につくられた言葉ではないかと思われるくらい佳味であった」という。

一九四一（昭和十六）年に日米開戦の火ぶたを切った真珠湾攻撃で日本中が沸いているとき、尚順が「イギリスとアメリカを相手にして、日本が戦争に勝てるはずがないじゃないか」と冷めた発言をしたことに驚いたと山里は「尚順男爵と私」のなかで書いている。

尚順にも戦火は近づき、松山御殿にも第三十二軍の幹部が訪れるようになり、大広間を参謀長の長勇が我が屋敷のように使うようになる。酒好きの長は尚順が手塩にかけて育ててきた古酒に目をつけ、これを部下とともに浴びるように飲んだという。

琉球の伝統文化を愛する尚順はどんな気持ちでこの野卑な軍人一行とつきあったのだろうか。

当時十五歳だった末娘の藤原弘子は『松山御殿物語』（ボーダーインク）のなかで次のように書いている。

「お父様はそういう兵隊さん方と顔をお合わせになるのがお厭だったのか……日課の夕涼みもお止めになりました」

昭和の歴史の舞台に名を連ねた軍人・長勇に「生命の安全は軍が保証するから」とでもささやかれたのだろうか。

尚順は屋敷のなかに地下壕を掘っていながら、三十二軍が首里城の地下司令部を放棄すると、軍と行動をともにするようになる。妻や娘、使用人ら総勢二十数人で激戦の舞台となる沖縄本島南部へ。

戦火をかいくぐりながら生きのびるのに、王族も庶民の別もなかっただろう。食糧もろくになく、壕にたまった泥水にフーチバー（ヨモギ）を毒消しに入れて飲んでいたというが、尚順は一九四五年六月十六日、糸満市米須の壕で衰弱死した。享年七十二歳。

本人が携えてきた桃をかたどった硯と一緒に埋葬された。あまりに過酷な死出の旅立ちというほかないだろう。

そのすぐ先にある摩文仁の丘には三十二軍の司令部があり、大酒呑みの参謀長が最後の闘いの陣頭指揮を執っていたのだった。

尚順の五女、親泊芳子は『松山御殿物語』のなかで「あれほどの食通だった父が……栄養失調で亡くなったのが残念でなりません」と無念の思いをつづった。

あの無謀な戦争は中国の康熙《こうき》年間（一六六二－一七二二）の貴重な三百年古酒も、それを育成した粋人とともに琉球文化のすべてを消滅させてしまったのである。

▽琉球いろは歌

「沖縄があの戦争に巻きこまれてなかったら、首里の街も今の京都や金沢のように古都として保存されていただろう。そうすれば歴史ある文化も伝えられ、我々も尚家の古酒を呑むことができたのに残念な限りです」と語るのは琉球王国と尚家の歴史に詳しい放送ジャーナリストの上間信久だ。

上間は沖縄県今帰仁村に一九四七（昭和二十二）年に生まれ、国費沖縄留学生として神戸大学に入学。卒業後は県庁などに勤めてから琉球放送にはいり、最後は琉球朝日放送の社長を務めるが、泡盛文化にまつわるテレビ番組を数多く制作してきた。

その上間が神戸大学にはいった直後の体験を自著『名護親方の「琉球いろは歌」の秘密』（沖縄タイムス社）のなかで次のようにつづっている。

級友「上間君！　箸使うのがウマイねぇ～」
私「箸もフォークも使えるし、手だって使えるよ！」
級友「……」
級友「上間君！　日本語が上手いね？」
私「君の関西弁よりは少しマシだろう！　英語も琉球語も3カ国語が使えるよ」とハッタリをかますと
級友「ふ～んそう！　凄いや……」
級友「上間君！　君は日本人なの？」
私「ウッ……」
言葉に詰まって声が出ない。激しいカルチャーショックを受け、それからです。日本人とは？　沖縄人とは何か？　と。

大阪で日本万国博覧会が開かれる一九七〇（昭和四十五）年より五年ほど前のエピソードだが、当時はそんな雰囲気だったという。

上間信久が那覇に戻ったのは沖縄が本土復帰した一九七二（昭和四十七）年で、当時の県民の憧れは舶来ウイスキーのオールドパーやカティサークだったが、値段が高いので、上間は泡盛の一升瓶を買ってフーチバー（ヨモギ）を臭い消しに入れて飲んでいたという。

あるとき、上間が土屋實幸の営む「うりずん」で仲間と酒を呑んでいるとき、日本テレビの取材班が東京から「焼酎のルーツを求めて」という番組作りにやってきた。

「これは本来我々の仕事ではないか、とワジワジーと腹がたってきて、琉球放送創立三十周年のときに、泡盛のルーツを求めるという旅をして特別番組をつくった。それから、『泡盛とは何者なんだ』と勉強し、愛しきこの世界に入っていったのです」

上間信久は泡盛をテーマにしたさまざまなテレビ番組をつくってきたが、東京文社在勤中の一九八七（昭和六十二）年には『中央公論』十一月号に「地酒泡盛と花風と豆腐餻と」というエッセイを執筆し、話題を集めたこともある。

その中身を簡単に紹介すると、上間は番組を制作する過程で各界各層の本土人に会ったが、カルピスの相談役・横山淑夫に古酒を献呈すると「世界には、コーカサス、スコットランド、コニャック、沖縄と、名酒を産み育

雑踊の「花風」＝石川文洋撮影

てる地方がある。面白いことに、これらの地域はいずれも長寿だ」と教えられ、深く感銘を受けた。当時は強くてクサイ酒などと酷評されていた泡盛と上間自身の人生を見直すきっかけになったという。

評論家の草柳大蔵を那覇へ講演に招いたときには、料亭那覇で雑踊の「花風」を見てもらうと、草柳は感激のあまり涙を流して日本の無形文化財だと絶賛し、次の日にもう一度鑑賞し直したという。

辻遊郭の遊女が那覇の港から愛しい人の船出を人知れず見送る姿を舞踊にしたのが花風だ。別れの場所は三重城《みえぐすく》という海に突きでた堤防で、ここはかつて海賊である倭寇を迎え撃つための砲台を備えた要塞だった。

そんな場面に名人の女性が紺地の絣と朱色の手巾を肩にかけて現れ、日傘をくるくる回しながら、憂いを秘めた視線を草柳に送ってくる。

「人たらしの名人」と呼ばれた草柳にしてもひとたまりもなかったようで、「沖縄にいて、自分たちが日ごろ見落としている何かを草柳さんは感知したのではないか」と上間は感じたという。

財界のまとめ役として名高い今里廣喜が日本興業銀行の中山素平と一緒に沖縄へ遊びに来た際、琉球料理のフルコースを前にして今里が最初に箸を伸ばしたのが豆腐ようだった。

それこそ琉球王の末裔尚順が、百種類以上もある豆腐料理の最高位にランクづけ、キャビアやカマンベールをしのぐとさえ指摘した一品である。

世界中の美味を食べつくしてきた今里は、酒に合う逸品として豆腐ようを絶賛し、土産にもち帰ったという。豆腐ようがまだ一般に知られてないころの話で、上間は「大いに刺激を受けた」という。

当代一流の各氏が絶賛し愛でた泡盛、花風、豆腐よう——。

これらを沖縄の三大スピリッツ（魂）とみる上間は中央公論のエッセイの文末を、次のようにして結んでいる。

「沖縄は、今やっと、自分たちの島で出され、育てられたものに自信を回復しつつあるようにみえる。沖縄が沖縄らしい顔をするのは、前出した各氏のように、沖縄への深い理解が示される時であり、このような温もりのある共感は、緊張が続く日本の国際関係への一服の清涼剤となるのかもしれない」

上間信久は泡盛の百年古酒運動を続けた土屋實幸や醸界飲料新聞を主宰した仲村征幸からの信頼も厚く、二〇一八（平成三十）年からは仲村がつくった泡盛同好会の会長もひき受けた。

『沖縄の文化琉球泡盛を飲んで楽しく　守り育てて40年』という同好会発足四十周年記念誌があるが、そのなかの座談会で上間は次のように発言している。

「同好会を支えたのは、仲村のオヤジの『醸界飲料新聞』、平田清さんの久米島新聞、もうひとつは流通です。首里物産の宇根底講順さん、サンドリンクの西村さんはすごい。もっとすごいのは『うりずん』ですね。

やはりこういうたぐいまれなメンバー、武士《もののふ》たちがしたことです。蹴られても、ヒンスー（貧乏人）とさげすまれてもプライドを持ち、琉球文化への誇りを持ち、芯がしっかりし、ぶれない。そのような人たちがメーカーにも必要です。

泡盛は戦いをしない酒。世界の名酒というのは支配する酒。イギリスのスカッチ、フランスのブランディー、ロシアのウオッカ……。世界の名酒は人を支配する酒。わが泡盛は和合の酒です。どんな形であれ、オール沖縄という哲学を持つ人が組合に、メーカーにいないと辛いかな、と思う」

上間が「世界の名酒は支配する酒」なのに対し、「泡盛は和合の酒」と説明する言葉に、島酒と呼ばれる泡盛の本質が表れているといえよう。

「泡盛業界が元気になれば、沖縄も元気になる。消費者や酒造所の声を聞き、泡盛に対する県民の関心を高めていきたい」と上間は泡盛同好会の会長就任のあいさつをした。

そうした仕事をするかたわらで、上間が晩年力を入れたのが名護親方（程順則）の世界を世に広める活動だ。

沖縄とは何か、日本人とは何か、と神戸大学に入学したときから半世紀にわたって思索を続けてきた上間にとって、一つの答えが見えてきたという。

大事なことは人の出身地や国籍、人種や民族、宗教などのちがいではなく、人類共通の「命」だったのだという。

名護親方は一六六三年、久米村（今の那覇市久米）に生まれ、留学生や進貢使節として五回中国へ渡り、先進的な文化や学問を身につけてきた。

その際に大きく感銘を受けた書物が、人が人として身につけなければならない六つの道を教えた『六諭衍義《りくゆえんぎ》』で、その印刷物を琉球にもち帰って沖縄で最初の公立学校となる明倫堂を開設した。

この教えは薩摩藩の島津藩主を通じて江戸幕府の八代将軍吉宗へ伝えられ、日本中の寺子屋で道徳の教科書として使われた。西郷隆盛や大久保利通ら明治維新を担った人物たちにも影響を与えたという。

名護親方は六諭衍義や当時琉球で生きる知恵として語りつがれていた『寄言《よしぐう》』などを参考に『琉球いろは歌』を作った。

その四十七ある歌から「肝《ちむ》」を詠んだ二十二の歌のメッセージに焦点を当て二〇一五年に上間信久が一冊にまとめたのが『名護親方の「琉球いろは歌」の秘密』である。

沖縄では「チムグクル」という言葉をよく使う。漢字で書くと「肝《チム》」と「心《グクル》」だが、白川静の『字通』によると「肝」には魂の居る所の意味もあった

最初に掲げた歌は「絵描ち　字書ちゃ　筆先ぬ飾い　肝ぬ上ぬ真玉　朝夕磨き」で、これは「絵や書などは、表面の飾りのようなもので大切なのは心です。心には永遠な魂が宿っており、朝に夕に磨くようになさい」と上間は訳す。

さらに「君の命は　父母祖父母　つなぎしものぞ　心して　磨きにみがけ」という組歌と連動させて分かりやすいメッセージにした。

名護親方が生きた時代の琉球王国は、薩摩に支配されながらも中国とも朝貢をつづけるという微妙な力関係のなかをたくましく生きなければならない、疾風怒濤の時代だった。

「今の沖縄の現状とよく似ている時代に、琉球いろは歌は生まれたのです。現代にも適用できる歌も多く、琉球のゆしぐとぅ（教訓）が失われつつある今、琉球の偉人が残してくれた指南書として多

くの人に知ってほしい」と上間は語る。

『六諭衍義』は名護親方が琉球にもち帰らなければ、日本中の人びとに影響を与えることにはならなかった。その意味でいえば、エッセンスを凝縮した琉球いろは歌は、上間信久にとって泡盛、花風、豆腐ようと並ぶ沖縄の四大スピリッツ（魂）になるのだろう。

第二章　首里人の誇り

▽甦る黒麹菌

東シナ海に浮かぶ亜熱帯の島オキナワー。

吸いこまれそうな空の青さと、大地に根を張ったガジュマルの緑、それに民家の琉球瓦の赤色が目に焼きつく。

鉄の暴風雨から奇跡の復興をとげ、高層ビルが立ち並びながらも、県外から豊かな自然を求めて年間一千万人もの観光客を集める。

その一方で、負の遺産と呼ばざるをえない広大な米軍基地を日米両政府から押しつけられた形は、沖縄が本土の踏み台とされた戦時中と何ら変わらない構図だ。

県都・那覇市には県民約百四十六万のうち約三十万人が住むが、二〇一九（令和元）年十月に不慮の火災で焼け落ちたとはいえ、石畳があって首里城がそびえる首里の町の存在感は別格である。

そんな琉球王国の核心部も太平洋戦争が終わった直後は米軍の空爆と艦砲射撃で、年月を誇った古城も由緒ある国宝の寺も文化のすべてが跡形なくふっ飛び、緑の丘は白っぽい焼土と化したのだった。

一九四五（昭和二十）年も年の暮れ。樹木もほとんど生えてないガレキのなかで、汗を流しながら何かを懸命に掘りおこす一人の中年男の姿があった。

「長男の誕生を祝って植えたギギジャー（ゲッキツ）の木がようやく見つかった。玄関はこのあたりかもしれない。それなら、麹室はこっちだろうか」

咲元酒造の二代目蔵元佐久本政良で、当時四十八歳。廃墟となった酒蔵の土のなかからまず泡盛の蒸留器を見つけだした。

それまで県中部にある屋嘉の捕虜収容所へ入れられていた佐久本は、米軍政府の「サカヤー（酒造所）は早く泡盛を造って住民の渇きを癒せ」という命令を受け仲間数人と一足早く首里へ帰ってきたのだった。

全国の米軍専用施設の７割が集中する沖縄県。宜野湾市にある普天間飛行場では海兵隊の輸送ヘリ「オスプレイ」の離着陸がめだつ。

米軍が廃棄処分した米や砂糖、メリケン粉、チョコレートを原料に使えという指示だったが、これだけでは泡盛は造れない。強烈なクエン酸を出し、殺菌力があると同時にデンプンを分解してブドウ糖にする黒麹菌が必要だからだ。

狭い天幕暮らしでコメとイモの雑炊をすする不自由な生活をつづけながらの毎日。あるとき、焼け跡にじっと目を凝らすと、土のなかからニクブク（稲わらのむしろ）の切れ端がのぞいているではないか。戦前の泡盛造りは、床に敷いたニクブクの上に蒸し米を広げて黒麹菌をまぶして米麹を作っていた。

「もしや、ここに黒麹菌が生き残っていたら」と思って掘り出したニクブクの繊維をていねいにもみほぐして、炊いた米にまぶして二十四時間後のようすを観察したところ、緑黒がかった色に変色し、麹の甘辛い香りを放っていた。

戦後、首里の焼け跡から黒麹菌を発見した佐久本政良

「生きていた、生きていたぞ。黒麹菌が。これでまた泡盛を造ることができるかもしれない」と言ってふだんは寡黙な佐久本政良が感激のあまり、涙をポタポタ流したという。
一度は死を覚悟した人間が、沖縄戦に巻きこまれた同胞の無念さをも思い出して、感無量の気持ちになったのかもしれない。
蔵の地下に埋めて置いた古酒の甕はすべて割れて泡盛は外へ流れていたが、佐久本はこの黒麹菌を瑞泉酒造や識名酒造など首里のその他の蔵にも分けあたえ、戦後の泡盛復興への道を開いたのである。
この黒麹菌を佐久本政良の二男政雄から譲り受けた瑞泉酒造では二代目の佐久本政頓が「ありがとう、マサオ。皆で上等でいい酒を造ろうな。首里復興のため力をあわせて頑張ろう」とエールを送ったと伝えられている。

黒麹菌は沖縄本島と島嶼部の自然界や木の樹皮に存在しているので、その後本島のその他の場所でも見つかったが、泡盛の酒造場では佐久本が今でも「酒造りの守り神」と呼ばれている。

酒蔵の掃除をする場合にはほどほどにして、木の柱や梁には黒麹菌を残すようにするので天井を見上げると蔵の全体が黒っぽく見えるものだ。


咲元酒造合資会社が首里三箇の鳥堀に創業したのは一九〇二（明治三十五）年。日本が琉球王国を武力で統合した琉球処分から三十年後のことで、佐久本政良は初代の政明に続く二代目蔵元に当たる。

田んぼの北寄りに青く水をたたえた堀があって、水鳥がたくさん泳いでいたことから、鳥堀と名づけられた地区に佐久本は一八九七（明治三十）年に産声を上げた。

首里尋常高等小学校と首里第一中学を卒業し、一九一八（大正七）年に戦地へ出て戻ってからは病弱な父親の世話をしながら麹造りをする母親ウシの酒造りを全面的に支えた。

当時麹造りは家庭の主婦の仕事だった。寒いときは麹に毛布をかぶせ、暑いときは窓を開けて風通しをよくする。乳児を育てるような、そんな細心の注意が必要だったからだ。

佐久本政良は辻の遊興街で知人と宴会をやって皆で盛りあがっている最中に「ちょっと用事ができた」と言っては姿を消す。

「政良さんも、やりますな。女のところへ行ったりして」とヒソヒソ話をしていると「いやあどうもすまん。蔵で麹の手入れをしてきた」と言い、戻ってきては変わらぬペースで酒を呑みつづける。辻遊郭があった波の上と首里のあいだを当時は馬車で往復したとみられるが、泡盛造りで麹を造るためにはそれほど神経を使わなければならないというエピソードの一つだった。

そんな職人気質の男が戦時中の統制経済下の一九四三（昭和十七）年から一九四五（昭和二十）年の沖縄戦終結まで琉球泡盛製造組合の組合長も務め、泡盛を戦火から守る大役もはたしていく。

佐久本家の元々のルーツは中国の福建省あたりで、大交易時代に沖縄へ移ってきたのではないかと語り伝えられてきたという。

佐久本政良は『泡盛雑考』を書いた歴史家の東恩納寛惇とも親しく、東恩納はシャム（現在のタイ国）からもち帰った蒸留酒のラオ・ロンを佐久本のところへもち込み、味を鑑定してもらったりしている。

そのとき、記念に渡された素焼きの仏像を佐久本はガレキのなかから見つけ出し、戦後も醪仕込み場の神棚に掲げ、毎朝仕事始めにロウソクを灯し、「どうぞよい泡盛が生まれますように」と拝んでいたという。

佐久本政良の戦後の最初の大きな仕事は密造酒防止のため一九四六（昭和二十一）年につくられた五つの官営酒造廠《しょう》の一つ、首里酒造廠の責任者を務めることだった。

自ら本格的な泡盛造りを始めると同時に、原料米が手にはいらないときには米軍機で東京へ飛び、直接GHQ（連合国軍総司令部）と交渉して、五千トンを獲得したこともある。

沖縄ではそのころ、どこでも味噌甕を仕込み容器に、バケツを蒸留器にして、米軍のパイプやドラム缶を使って泡盛を造るようになっていた。いわば泡盛を庶民の酒として地元の人びとがとり戻した形で、自由な酒造りが花開いていた。

琉球政府は米軍の指揮の下、これを管理しようとしたが、民営化への流れは止めようもなく、二年間しかつづかなかった。

一九四九（昭和二十四）年には酒造の完全民営化が実現してからは佐久本は自分の蔵を建て直し、創業時の伝承の仕込みと常圧蒸留の手法で本格的な酒造りを復活させた。

「咲元」という銘柄は佐久本政良が国税庁関係者と雑談しているときに「佐久本をもじって咲元酒造にしてはどうか」という話になって決まったのだという。

そうしたこだわりの酒を造る一方で、一九五一（昭和二十六）年に琉球泡盛産業株式会社を設立して原料米の一括購入や泡盛の本土出荷にも力を入れ、一九六二年には琉球ニッカの社長にも就任した。

米軍基地から放出される高級ウイスキーが地元で歓迎されるのを見て国産ウイスキー大手のサントリーとニッカも那覇市に小さな瓶詰工場をつくったのだが、佐久本は会社には顔をあまり出さなかったようだ。

佐久本政良は一九八七（昭和六十二）年に九十二歳で亡くなるまで、沖縄の酒造り業界全般の発展につくし、アワモリの生き字引と呼ぶにふさわしい生涯を送った。

一九七一（昭和四十六）年の春に佐久本政良は現役泡盛の造り手としては初の勲五等を受賞したが、そのときの感想を仲村征幸が主宰する「醸界飲料新聞」に本人の弁で次のように紹介されている。

「泡盛造りを始めてから五十年になります。大正七年に兵隊にとられ除隊後又すぐ泡盛造りに戻った訳です。父が病弱だったものですからね。趣味は何かとよく人に聞かれるのですが、私は酒造り以外にないと答えています。人間はちっ居すると健康に良くないので、これからの余生を酒造りに邁進していきたいと思います」

仲村は咲元酒造にはよく顔を出していたので、佐久本の人物像にもくわしく「典型的な首里人《スインチュ》で、紳士だった」と印象を語る。

「人間が穏やかで、口数は少ない人だった。喫茶店でコーヒーを飲みながら泡盛の将来についてホンネで語りあえた。泡盛を造るのは自分の赤ちゃんを育てるのと一緒とよく言っていた。政良さんから本当に多くのことを教わり、自分にとって泡盛の師といっていい存在でした」

泡盛の神様のようにいわれる佐久本政良だが、その下で一緒に酒を造っていた従業員は実際どうみていたか。

「昔の人だから仕事には厳しかった。気も短くて、この作業いつやるの、今やりなさいという感じ。蔵をきれいにせようとうるさかった」となつかしげに回想するのは二十年間、仕事をともにした崎間強だ。

崎間は一九五五（昭和三十）年生まれだから、政良は五十八歳も齢が上だったことになる。

「酒造りは絶えず変化していて二度と同じものはできないが口ぐせで、醪《もろみ》の状態や温度などをグラフ化していた。国税の鑑定官にも分析を依頼し、相談もよくしていた。酒質が安定しなかった時代のことだから向こうからも何事も熱心な政良さんは信頼され歓迎されていた」と話す。

就寝前には必ず読書するようにして枕元にいつも一冊の本を置いていた。新聞は隅から隅まできちっと読み、まちがいを見つけたらかならず新聞社に連絡するほど几帳面なところもあったという。

仕事以外では囲碁、写真、庭造りと多趣味で、好奇心も強かった。「ドライブが大好きで、よく運転手をやらされた。蔵の仕事が一段落してガソリンを満タンにしてやんばる（県北部）方面へ出かけて車が帰ってきたときにはタンクが空になるほど走りまわった」と崎間はふり返る。

スクガラス　佐久本政良が好んだ酒の肴

そんな佐久本蔵元は自宅で晩酌するときはアイゴの稚魚の塩辛であるスクガラスを島豆腐にのせたものや酢ダコを肴に二十五度の古酒を呑むスタイルをことのほか好んだという。
街場の居酒屋で泡盛を飲むときはカウンターの隅に座り、自分の酒の自慢を一切しないでよその蔵の酒をほめるのが口ぐせだった。店の人間が気を利かして咲元の酒を本人の前に差し出していた。
「オヤジは泡盛のために生きて、泡盛のために死んでいったような男。焼け跡から黒麹菌を見つけた話も自分からはけして口にしなかった。謙虚でネガティブなことを言わないところが周囲の尊敬を集めたのかもしれない。そんな父親を誇りに思っています」とは三代目を継いだ佐久本政雄の感想だ。

政良の孫に当たる現蔵元で四代目の啓は「オートメーションに頼らない昔からの手づくりの酒を大事にする人だった」として次のように語る。

「学生時代にタンクのなかの醪をかき混ぜる作業をしているとき、ゴンゴンと音をさせたら、『貸しなさい』と叱られ、櫂棒《かいぼう》を取り上げられたことがある。醪をやさしく扱うことにより、手に伝わってくる醪の発酵状態を学べ、という教えだったのでしょう。

泡盛の造りで一番大事なことは蒸しの作業で、これにより味の七、八割方は決まる。祖父は『いい古酒を造るにはいい原酒が必要』とくり返し言ってました」

佐久本政良が亡くなる三年前の一九八四（昭和五十九）年に咲元の酒造所を何度か訪ね、本人から直接話を聞き、『現代焼酎考』（岩波新書）を書いた作家の稲垣真美は当時の翁の印象について次のようにふり返る。

「私がお会いしたときは品のいい老人といった雰囲気で、泡盛は沖縄文化の象徴ですと語る表情には自身への誇りと見識が感じられた。この時でも酒米の蒸し加減や醪の泡立ち具合を点検するために蔵の中に出たり入ったりしていて、生涯現役という感じのかたでした」

稲垣が佐久本翁から話を聞いた母屋の奥座敷は戦時中、陸軍第三十二軍の通信隊長とその部下のために接収された部屋で、佐久本本人は三畳の狭い部屋に寝起きして酒の配給などの組合業務を続けた。

一九四五（昭和二十）年も四月にはいり、米軍が中部地区の読谷から北谷にかけての海岸に上陸して沖縄本島を分断する作戦に出ると、首里への攻撃も激しさを増した。

迎え撃つ日本軍は島民を守る余裕などなくなり、「お前らはどこでも適当なところへ避難しろ」と言いはなつ始末だった。

佐久本政良は居候していた通信隊の一行が大事にしていた古酒をつぎつぎと呑んでしまうため、甕のいくつかを地中に埋めてから、南部へ避難する準備をした。

出発の前夜、通信隊長と四、五十年ものの古酒を呑み明かし、餞別に煙草を五箱もらったという。

避難といっても当てがあるわけではなく、軍について歩き、山から谷間へ、谷から横穴に掘った壕へとはいれば負傷して身動きができなくなった日本兵のうめき声を聞くことになる。

自分の頭上を米軍と日本軍の撃ちあう銃弾が飛びかった。沖縄戦で住民の誰もが味わった悲惨と苦難を佐久本本人も十分に経験したのである。

沖縄戦が終結する六月二十三日の前日に島尻の南端知念村の壕に潜んでいるときのことだ。

「明日あたりは死を免れないだろう」

こう考えた佐久本政良は伸び放題だった髭を安全カミソリで剃り、シャツも下着も新しいものに換えた。死に装束のつもりで用意した一張羅の上着も羽織ってみた。

「オヤジの潜む壕は米兵にとり囲まれ、デテコイ、デテコイと怪しげな日本語で投降を呼びかけてきた。そこへこぎれいな格好で姿を現した父に米兵は驚き、日本軍の幹部と勘ちがいしたのかもしれない。その後もオーッ、サカヤーかと何かと特別扱いされたと聞いてます」と語るのは、佐久本政良の二男で三代目蔵元をつとめた政雄だ。

政良はその後、米軍のトラックに乗せられて知念村から馬天、本島中部・石川に近い屋嘉ビーチへと捕虜収容所を転々とさせられていき、この年の暮れに首里へ泡盛製造の先発隊として帰っていくことになる。

▽なんのための闘いか

ところで、泡盛のなかには濾過を強くして、呑みやすいが個性のない酒が増えている。そんななかで、咲元はオイリー感のある少し重たい感じがする酒で、濾過は軽くかけるくらいだから酒自体に香味成分が十分に残っている。これが古酒を作る際の、旨さの秘訣になっている。

「うりずん」の主人土屋實幸は咲元のこの点を気に入っていて、佐久本政雄から素焼きの大きな甕を譲り受け、店の奥に鎮座させた。「古酒8　うりずん　咲元」とかかれているが、このなかに咲元と時雨、神泉など数種類の泡盛をブレンドして、八年間熟成させて特製古酒として客にふるまっていた。

一九二五（大正十四）年十月に首里で生まれた佐久本政雄は、上の兄と下の弟に医師がいる。戦時中は本土に渡っていて戦後は米国に留学し、アメリカ銀行の東京支店勤務などを経て実家の酒蔵に戻ったのは定年になる前の一九七九（昭和五十四）年のことだった。

幼少の政雄は酒壺を積んだ馬車が松並木の街道を往来する首里の町で、首里城を遊び場所にして育った。うっそうと木が茂る森に、水路では夏ホタルが乱舞する。

旧制第一中学（現県立首里高校）に進み、実弾射撃訓練もやらされた。沖縄でも米国との闘いが風雲急を告げると感じ、本土へ渡りつくば工業専門学校へ進学することにした。

でなければ、首里で学生生活を送った與座章健や大田昌秀のように鉄血勤皇隊員として戦場の最前線へ送られていただろう。つくばでは「赤とんぼ」と呼ばれる海軍の練習機に乗る訓練を受け、実際に筑波山の上空まで飛んで米軍のＰ51に銃撃され、間一髪で命が助かったこともある。

茨城の下宿に父親の政良が首里から送ってくれた布団には蔵に生息する黒麹菌のシミがついていて、その香りをかいで故郷を懐かしんだという。

「黒麹菌は家の守り神でした。茨城へは家族には無断で行ったのですが、オヤジは仰天したというより、むしろ喜んだのではないでしょうか」

水戸で受けた徴兵検査では第一種乙合格で、将来の特攻隊候補にされたが、一九四五（昭和二十）年八月六日に広島、九日に長崎と原爆が相次いで落とされ、十五日の敗戦の日を迎えることになった。

「あの困難な時代をよく生きのびることができたと自分でも信じられない思いです」

こう感じながら、国鉄の東海道・山陽本線と乗り継ぎ、広島で原爆ドームの生々しい残骸を見て、戦争はくり返してはいけないと強く思った。小倉から鹿児島本線で鹿児島へ出て、船で沖縄へ帰り着いたという。

佐久本政雄は首里城跡に一九五〇（昭和二十五）年にできた琉球大学に一年間在学した後、担当教授の「サクモト君、あなたは英文科に行くといい」というアドバイスを受けて米国留学を決意。ニューメキシコ州へ行き、ＵＣＬＡ（カリフォルニア大学ロサンゼルス校）の分校で四年間学んだ。

「私にとってアメリカという国は憎めない存在なのです。留学中に息子は沖縄戦で戦死したという女性と出会い、息子の写真と地図を見せられたことがある。

このあたりで死んだのよと説明を受け、私も感極まって涙を流すと、婦人は『息子よ』と言って自分をギュッと抱きしめてきた。あの戦争は憎しみでなく、機械（兵器）が殺しあっただけなのか。何のために私たちは戦ったのか」

こう自問自答した佐久本政雄は米留学後、那覇へ戻り、沖縄海邦銀行の立ち上げにかかわり、アメリカ銀行の東京支店に勤務していたとき、父親の政良が訪ねてきて「そろそろ仕事を手伝ってもらえないだろうか」と声をかけられ、帰郷を決意したのだという。

蔵へ戻った佐久本政雄は政良やベテラン杜氏の新里康福から指導を受けながら、麹菌を長い時間かけて熟成させた老麹を使う咲元特有の酒造りを学んでいった。

「日は茜色に染まりて　首里古城に沈み　秋風鐘楼に満ちて　古来歌舞の地に響く　且くは泡盛の杯をフクムめば　万里を愁ひて夜の長きに苦しむ　生年は百に満たず　楽しみを為すは当に時に及ぶべし」

これは佐久本政雄が作った漢詩だが、沖縄の文化振興に尽力した尚順の漢詩集を咲元の創業百年記念にかけて刊行したり、絵心もあったりする点がただの蔵元とはちがっていた。

蔵の入り口にかけた「人は酒を呑み　夢を語る　酒は夢を呑み　人と語る」も政雄自筆の詩だ。独自のセンスを感じさせる。

子どものころから風景画を描くのが好きでスケッチブックを持ってあちこちに出かけていたという、咲元の瓶に貼るラベルや甕にかける木札、化粧箱のデザインなどもすべて本人の手によるものだ。

ラベルにこだわったのも米国への留学経験が大きいという。現地へ泡盛を持っていき、友人に呑んでもらったが、「強い酒だ」と言われながらもスコッチと比べても評判は悪くなかった。ただ、スコッチには長年の伝統に裏打ちされた個性的なラベルが貼ってあるのに比べ、泡盛は何もなく丸裸同然だった。

咲元酒造の見学には米軍人家族らも来るため、泡盛の歴史や由来、呑み方などを英文で紹介する厚い冊子を作り、政雄が英語で案内することもあった。

「他国の人びとと意思疎通すること。それだけで戦争はなくなるのではないか。米国に留学していて日本に対する敵意を感じたことは一度もなかった。自分はそのことを学んだ」

佐久本政雄の人生訓である。

▽戦前の美酒復活

琉球泡盛が一躍注目されるようになったのは、東京帝大名誉教授の坂口謹一郎（一八九七―一九九四年）が「君知るや名酒泡盛」という論文を岩波書店の『世界』（一九七〇年四月号）に発表した影響が大きかったからである。

坂口は新潟県上越市の出身で、日本を代表する農芸化学者。発酵、醸造にかんする研究では世界的権威の一人で、「酒の博士」として知られた。

その第一任者が泡盛は黒麹菌を利用した世界でも沖縄だけで呑める酒であると強調し、「戦前、その約三分の一は毎年、東京、大阪、福岡など本土へ移入されていた」として次のように紹介したのだった。

「読者の中には、東京の場末の横丁などに柿色ののれんが下がり、店前には縄の網で巻いた褐色の堅じめの素焼きの瓶が埃にまみれてころがっている飲み屋の縄のれんをくぐった懐かしい思い出をもたれる方もあろうかと思う。

労働者の飲みものといわれた一方に、妙にインテリ層にファンの少なくなかったのは、やはりその独特の風味が、人を引きつけるものをもっていたため

「君知るや名酒あわもり」の石碑　酒造組合の会館前で

であろうと思う」

東京では昭和の初め、泡盛は本所深川や浅草などの下町で「度数が強いのですぐ酔っぱらえる。安くてうまい酒」ということで特に好まれた。

地下鉄を造成していたころ、重労働でヘトヘトになった作業員が地下から上がってきて赤提灯へ駆け込む。ホルモンの煮込みを肴に四十五度の強い泡盛をなめるようにして、あるいはノドに転がすようにして体内にとりこみ、一日の疲れをとっていたという。

『日本の歴史』（岩波新書）で知られる京大の歴史学者・井上清は徹夜が続いて疲れがたまると泡盛に火をつけて遊び、これをグイッとあおって執筆活動をつづけたそうだ。

それまでは匂いがきつく度数が強いというイメージだけが先行し、泡盛そのものを評価した論考は少なかったが、坂口博士のこの君知るやの随筆で泡盛は香りも豊かな素晴らしい酒であることが広く理解されるようになった。

沖縄の本土復帰（一九七二年）少し前で、沖縄についての関心が高まっている時期のことでもあった。

坂口謹一郎は日本がまだ平和な時代の一九三五（昭和十）年の春、研究室の同僚と組んで鹿児島、沖縄、奄美大島、八丈島を訪れ、造り酒屋を回って麹菌を採取してまわった。

黒麹菌は全部で約六百株もあり、東大をはじめ、新潟や岩手、静岡など地方の研究機関に凍結乾燥して保存された。

それから沖縄全土は戦火に蹂躙されたが、坂口は戦後ヨーロッパへ研究のため給油で沖縄に立ち寄った際の感想を「君知るや名酒泡盛」のなかで次のように書いている。
「沖縄本島の上空を飛んで、これらの世界唯一の黒麹菌の大宝庫である泡盛工場のあったところが、一望の焼野原となってしまったのを眺めた時、微妙ながらかつての採集のことが想起されて無念でもあり、感慨まことに深いものがあった」

そんな黒麹菌のうち十九株が東京都文京区の東大分子細胞生物学研究所に保管されていることを沖縄タイムスに出向中の共同通信記者中嶋一成がキャッチし、一九九八（平成十）年六月二十三日付朝刊で大々的に報じた。

「戦禍越えた黒こうじ菌『消えた泡盛』再現も」のタイトルは県民のロマンを膨らませ、取材を進めるうち、この黒麹菌は首里の咲元酒造と瑞泉酒造から採取したものであることも分かってきた。

その日の紙面によると、咲元社長の佐久本政雄は「すごいことだ。昔の泡盛は製造工程で入る雑菌のために、においがあるといわれた。だから全く雑菌の入らない現代の工場で造ったら、どんな酒になるのか非常に興味がある」と語った。

一方の瑞泉酒造社長の佐久本武は「昔の酒の味は戦争で途切れてしまった。やってみたい。この黒麹菌で造った酒がどんな味になるのか。とんでもなく素晴らしい酒かもしれないし、全く駄目かもしれないし。夢があっていい」と取材に答えている。

瑞泉酒造は首里城のおひざ元、首里三箇の一つ崎山町で一八八七（明治二十）年に創業した。目の前は首里城で、瑞泉門に続く坂の途中にある龍樋という泉から豊かに湧き出る清冽な水をイメージして、初代蔵元の喜屋武幸永が瑞泉と名づけた。

その龍樋の脇に立つ石碑には次の文が刻まれている。

「中山第一」（泉の水が量・質ともに中山第一の泉である）
「源遠流長」（源遠ければ流れ長しで、水が尽きない泉である）
「飛泉漱玉」（泉の水は玉が漱うように勢いよく飛び散っている）
「霊脈流芬」（よい泉の水はよい香りがある）

この良質な水をふんだんに使い、伝統ある技で造りあげるのが銘酒・瑞泉である。

琉球泡盛といえば首里の瑞泉というくらいのブランド力があり、一九八五（昭和六十）年にモンドセレクションを県内で初めて受賞したほか、いくつもの受賞歴がある実力蔵である。

那覇の桜坂に一九五〇（昭和二十五）年ごろ開業した「おもろ」という古い民藝酒場では頑固な主人の新垣盛一が泡盛は瑞泉しか置こうとしなかった。瑞泉は今オートメーションをうまくとりいれながら伝統の酒造りを続けている。

これに対してコンピュータなどは使わず、「勘」と「経験」に基づく対照的な手法で酒造りを続けているのが咲元酒造だ。そんな瑞泉の一九四三（昭和十八）年生まれの佐久本武と十八歳年上の咲元の佐久本政雄は実は従兄弟同士というあいだがらなのが面白い。

やや複雑な話になるが、戦後首里の瓦礫のなかから黒麹菌を見つけた佐久本政良の十三歳年下の弟政敦が瑞泉へ婿入りして二代目蔵元となった経緯があるからだ。

この瑞泉酒造を、沖縄の泡盛業界全体のリーダーとして長年けん引してきたのが佐久本政敦である。一九八八年に出した自身の手記『泡盛とともに』（ボーダーインク）は業界のバイブル扱いされているほどだ。

一九〇九（明治四十二）年、首里鳥堀町で咲元酒造を営む佐久本政明の三男に生まれた。長兄の政良と本人のあいだには三人の姉がいた。父は酒造りに熱心で、母ウシも麹造りなどの家業を手伝っていた。

蔵では酒造りの際に出る酒粕を使って豚を飼い、畑ではイモを育てていた。当時の燃料は石炭だったから、首里城から眺めると町内に四十本ある煙突から黒煙がもうもうと立ちこめ、空気までが麹と酒と酒粕の香りがするほどだった。子どもたちは相撲や綱引きに興じて育っていったという。

佐久本政敦は沖縄県師範付属小を経て県立第一中学（現首里高校）に進んだが、一年のとき、父政明を病気で失い、長兄の政良が母ウ

首里城をのぞむ瑞泉酒造

シを助け咲元の家業を継ぐことになった。

政敦本人は一九二八（昭和三）年に一中を卒業してから上京し、早稲田高等学院に入学したが、二年のときに徴兵検査で甲種合格となった。近衛兵になり一年半の軍隊生活を経験して一九三二（昭和七）年五月末に除隊となった。その半月前には海軍の青年将校が犬養首相を暗殺する五・一五事件が起きて戦争へのきな臭さが漂う時代だった。

佐久本政敦が泡盛造りの世界にはいったのは沖縄に戻ってからで、一九三三（昭和八）年に首里崎山の喜屋武酒造の次女・敏子と結婚し、そのあとを継ぐことになった。

蔵の名前も佐久本政敦酒造場と変え盛り立てていくが、日中戦争、太平洋戦争突入という時代の波に飲みこまれいく。戦時中は沖縄連隊区司令部に召集されて陸軍軍曹となり、熊本師団本部に出張させられ、沖縄戦に巻きこまれることなく、敗戦を迎えた。

その佐久本政敦が那覇に戻ったのは一九四六（昭和二十一）年十一月のことだが、酒造場の地下タンクや煙突は残っていたものの、建物は吹き飛んでいて雨露をしのぐ術すらなかった。

酒造所跡に小さなテントを張り、親子四人の生活を始めた。米軍の作業を手伝ったり、首里市役所に勤めたりして酒蔵を復興させ、兄の佐久本政良とともに戦後の泡盛業界再生の人生を歩んでいく。

佐久本政敦は一九七六（昭和五十一）年には琉球泡盛産業株式会社を発展的に解消させる形で、沖縄県酒造協同組合を設立した。

組合員の生産する泡盛を仕入れ、長期間貯蔵して古酒にし、安定的に県外へ出荷しようという目的からだ。

このとき、佐久本に全面的に協力したのが、沖縄国税事務所二代目所長の佐藤東男で、「泡盛を沖縄の基幹産業にするためには、泡盛のメーカーが束になって取り組まなければならない」とハッパをかけたのだった。

佐藤は国税庁広報官から沖縄へ着任するなり、島酒の存在価値を確かめるため、石垣から与那国、波照間へと離島まわりをするほどの行動派だった。

佐久本政敦は沖縄県酒造協同組合理事長時代の一九八七（昭和六十二）年に、坂口謹一郎から揮毫を求めて酒造組合の会館前に「君知るや名酒あわもり」の石碑を立てたことでも知られる。

坂口はこの論文のなかで、沖縄もスコットランドと同様に資源に恵まれてないのだから、古酒技術の伝統を発揮してスコッチに負けない酒造りをしてもらいたい、と書いている。

「坂口先生にわれわれ泡盛業界はどれだけ励まされたことか。世界に誇る名酒とまで太鼓判を押してくださったから、自信と誇りをもって製造販売に当たらなければならない」と話していたという。

佐久本政敦については毒舌で知られる「醸界飲料新聞」編集長、仲村征幸が月刊『うるま』の一九九四（平成六）年四月号で次のように書いている。

「佐久本政敦さんは実に心の広い人で、私がこの新聞を創刊する前の沖縄グラフ社時代から、よく瑞泉酒造には出入りしていた。帰り際に政敦さんは私に必ずこう言った。『征幸、たまには泡盛を飲みなさいよ』と。決して頭から飲めよ、とは言わなかった。そこにこの人の心の深さを見る思いがした。

昔は短気ぽい所もあって仕事の上でお叱りも受けた仲だが、爾来この人の薫陶を受け続けて今日に至っている。泡盛業界の最長老として現役なのは私にとって心強い存在である」

そんな親戚同士でもある二つの蔵、咲元酒造と瑞泉酒造が一九九九（平成十一）年一月に、坂口謹一郎博士が東大に保管していた黒麹菌を使って戦前の泡盛を再現してみたいと沖縄国税事務所に技術指導の申請をした。

沖縄で国税事務所というと、圧倒的に信頼が厚い国の行政機関なのである。本土復帰時の一九七二（昭和四十七）年五月に初めて設置され、初代鑑定官の西谷尚道は北海道大学農学部で醸造を学び、熊本県で焼酎造りの指導を五年間してから赴任してきた。

泡盛の印象について「油臭と酸味が強く、群を抜いて個性的」と感じた西谷は、油臭の原因が蒸留後の泡盛の表面に浮かぶ油であることを突きとめた。これはコメから生じる脂肪酸エステルで、ある程度の油臭は酒の個性といえるが、度を過ぎると呑みにくくなるので、こまめにすくいとるよう指導した。

酸味が強くなるのは、発酵中の醪が雑菌で汚染され、その醪を使いつづけるからで、西谷は訪問先の酒造所でいい醪を見つけるとそれを分けてもらって他の酒造所にも提供して酒質全般の改善を図った。

その他に西谷は泡盛鑑評会を立ち上げるなど地場産業としての地位も確立させた。

当時の酒造所にはたたき上げのベテラン職人が多かったが、西谷の指導は「本土で積み重ねた最新の知識に基づき、言うことが理にかなっている」として前向きに受けとめられていった。

その後の鑑定官も酒造所と協力して新しい酵母を開発するなど地元へ寄りそう姿勢を見せることにより、蔵元とのあいだで信頼関係が築かれ、沖縄の泡盛の品質は格段に向上していった。

泡盛の消費量は順調に伸び、一九八三（昭和五十八）年にはウイスキーの消費量を上回るまでになった。

そうした流れのなかで一九九六（平成八）年七月に主任鑑定官としてやってきたのが須藤茂俊だった。

一九五四（昭和二十九）年、東京生まれ。東京農工大の修士課程を卒業し、国税庁にはいってからは酒類技術行政と技術指導の仕事を長年してきた。

「亜熱帯の気候、エメラルド色の海などの環境がうれしかった。自分が着任したときは泡盛の品質の問題はほとんどなかったが、アルコールの収量が上がらず、悩んでいる蔵があった。五億円の利益を一億まで減らした酒造場を徹夜で指導し、改善を手伝った。古酒についても製造方法を整理して冊子を作ったりもしたのです」


須藤がそんな日々を送っていたときに咲元酒造と瑞泉酒造から戦前の黒麹菌を使って泡盛を造りたい、と申請があったわけで、国税事務所としてもその動向を注視したという。

「長時間保管されてきた黒麹菌の安全性に関心があったからで、厳密な検査をした結果、残念ながら咲元の黒麹菌では酒造りはむずかしいと判断せざるを得なかった」と須藤はふり返る。

咲元の黒麹菌は沖縄国税事務所がいったん預かるという形をとって、一九九九（平成十一）年五月十七日から瑞泉酒造の現場に須藤本人が常駐する形で戦前の酒を仕込む作業にはいった。

「人工的に改良された現在の麹菌と比べれば戦前の黒麹菌はとても繊細だ。実際に酒ができる比率は半分あるかなしの状態だが、昔ながらの方法で貯蔵、熟成までやっていきたいと思った」と瑞泉三代目の佐久本武は当時の気持ちをふり返る。

仕込みを始めるに当たって、須藤は瑞泉酒造側に「発酵温度が高いと酵母が黒麹菌の風味を弱めるので発酵温度は低めに。醪の酸性が強いとこの黒麹菌の特徴が出ない恐れがあるのでクエン酸はあまり出さないように」と条件をつけた。

これに対して製造課長の我那覇生剛は「発酵温度が低ければアルコール発酵は起こらなくなるし、醪の酸性が弱くなれば雑菌汚染のリスクが高まる、と教科書に書いてあります」と難色を示したが、須藤は「低温でも工夫すればアルコール発酵は起こり、発酵タンクや機材を清潔にすれば雑菌汚染は防げますよ」と説得して、五人の杜氏チームが暗中模索の酒造りに乗りだした。

仕込み量は最小の一トンと決め、タンクから機械、作業着、ペンの一本に至るまで工場のすべてを洗浄、殺菌した上で十四日間の酒造りを無事乗り切った。

六月一日、報道陣約五十人が見守るなか、佐久本武の父で瑞泉酒造会長の佐久本政敦、当時八十九

戦前の黒麹菌でできた瑞泉の「うさぎ」

歳が生まれたての一番酒を口に含んだ。

「おいしい。長年泡盛にかかわってきたが、蒸留直後にこれほど旨い酒を呑んだのは初めてだ」

戦前の泡盛が復活した瞬間の感想を佐久本会長はこう語り、会見の後、製造課長の我那覇に「あんな旨い酒どうやって造った。何を入れたんだ」と尋ねた。

我那覇にしても「バニラエッセンスや麦の香りとでもいおうか、あれほどやさしく豊かな香りは初めて」と驚き、須藤も「通常新酒の香りはクセがあるのに、この酒は甘いという見事なでき栄えだった」とふり返る。

幻の酒造りとふだんの仕込みのちがいはアルコール量へのこだわりにつきるようだ。少ないコメで多くのアルコールを生産できれば酒造メーカーの利益は上がる。そこでアルコール発酵を促進させるために醪の温度を高めに設定する。これでは味や香りは犠牲になる。

今回の醪は、ふだんの仕込みより五度以上も低かった。米一トン当たりのアルコール収量は七割だが、味や香りは抜群に良かった。

この酒は「御酒《うさき》」と名づけられ、白梅に似た芳香がするとして、その後も瑞泉酒造を代表するブランドとして販売されている。

▽百五十年酒は家宝

「沖縄の秋口にパッと降って、パッとやむ雨のように、酔い覚めがさわやかというイメージで造っているのがうちの酒です」と語るのは時雨の製造元・識名酒造の四代目識名研二だ。

首里三箇の一つ赤田町で一九一八（大正七）年に創業した老舗の蔵で、古風味豊かな酒の味に雑誌『酒』の編集長佐々木久子や俳優の中尾彬、池波志乃夫妻らファンが多い。

時雨を知る人ぞ知る存在にしているのは沖縄で泡盛の最古と呼ばれる百五十年物と百三十年物の古酒が家宝として大事に受け継がれているからだ。

泡盛の聖地と呼ばれた首里は、一九四五（昭和二十）年も五月に入って戦火が近づくと、二代目識名盛恒が家族と南部へ避難する際、古酒のはいった三つの南蛮甕を庭先の地中深くに掘って埋めた。南部で鍾乳洞に一家で潜んでいたときに日本兵から「戦闘の邪魔になる」と追い出され、盛恒の妻と娘は米軍の猛爆撃にさらされて死亡した。

戦後首里に一人で戻った識名盛恒は焼け野原の酒蔵跡を必死の思いで探し、埋めていた古酒がはいった甕を見つけ出した。一つは割れてなかの酒を呑まれていたが、残りの二つは無事で「識名家はもう大丈夫だ」と叫んだという。

明日の食料もないときにである。たくさんの人が泡盛を埋めて逃げたが、無事だったのは識名家の古酒くらいだった。礼節を重んじ、血族のきずなを大切にする沖縄の社会で、古酒は一族の存在証明だったのかもしれない。

識名盛恒は一九五八（昭和三十三）年に五十七歳で亡くなるまぎわまで「古酒は命の次に大事な宝だ」とくり返し語っていたといい、三代目蔵元の識名謙もその姿勢を大事に守り続けてきたという。

創業して百年と少しの識名酒造に百五十年を超える大古酒が存在する理由はなぜか。

三代目で、一九二三（大正十二）年生まれの識名謙は大本幸子著『泡盛百年古酒の夢』（河出書房新社）のなかで次のように語っている。

「元というものがあるわけです。親酒と言ってですね、おそらくは尚家の関係者、王家、そういうところから来てるんですね。当時は、酒屋も一般人も尚家から金で買う場合もあったらしいです。古酒の何倍か何十倍かのお金を持っていって分けてもらったんじゃないですかね。確かな記録はないから想像ですけど。

……戦争をはさんで偶然残った泡盛が百年を越したので、みなさんが興味を持っておられる。しかし、昔はこんなにクースクースと言わなかったでしたよ」

この百五十年物と百三十年物の古酒は識名家の先祖の位牌を安置する実家の祭壇下に置かれている。いずれもタイで焼かれた南蛮甕に棕櫚の葉で作った縄がしっかりとまきつけられていた。

この古酒の甕が開けられるのは新しい酒を加えて泡盛に新しい命を吹きこむ仕次ぎのとき以外めったにないのだが、幸運にも幻の古酒を賞味した者も何人かいるのである。

『麦と兵隊』を書いた小説家の火野葦平（一九〇七―一九六〇年）もその一人だ。

戦前の一九四〇（昭和十五）年に沖縄を訪れた火野は「観光コースはつまらないので、できるだけ琉球の民情、生活に接したい」と言って海路久高島へ出かけ、「こんな美しい海の景色を見たことは初めて」と絶賛したことがある。

そんなわけで、一九五二（昭和二十七）年ごろ、沖縄を再び訪れた際、「幾世紀も沖縄の土壌が育んできた琉球泡盛も今次大戦で全滅か」と沖縄タイムスの紙面上で嘆いたことがある。それを知った識名盛恒が「うちにございます」と言ってこの古酒を持参して火野の滞在先を訪ね、試飲に供したところ、火野は盃に入った酒をすぐには口に入れず、陶然とした表情でしばらく見つめていたという。帰郷後にその感慨を『文藝春秋』に寄稿していた。

作家の稲垣真美は一九八五（昭和六十）年の春に識名家を訪ね、三代目当主の識名謙から秘蔵古酒をブランデーグラスに注がれてふる舞われたことがある。

古今東西の名酒に通じている稲垣は『現代焼酎考』（岩波新書）のなかで「通常の泡盛は透明な無色である。にもかかわらずこの古酒は心持ち琥珀の色を帯びて艶やかに輝いていた」と書き、感激の瞬間を次のように続けた。

「グラスを手にとると、えもいわれぬほんのりした薫香が、うす靄で包むように嗅覚を快くくるむ。しかもその香りは古ぼけていない。次第にピュアに澄みきって、グラスの底から室中に立ちこめるようであった。

この泡盛の古酒ほど親しみ深く、非の打ちどころなくまるみを帯びた美味ははじめてであった。それは至上のコニャックに比肩できよう。そういう個性のあるコクがあった。しかも、香りのいいウェハースを味わうように舌先に融け、あとは嫋々たる余韻を残す」

作家の二人に対し、「その香気と味わいは、接した瞬間、思わず背筋を正したほど高貴で、精神性に満ちたものだった。世界のあらゆる酒を連日、大量に消費している〝酔いどれ日本列島〟の現状はこれでいいのか」とジャーナリスティックに書いたのは共同通信記者の平野真佐志だ。

平野は一九九二（平成四）年に全国の地方紙に連載した大型企画『水に聴く』のなかで時雨古酒を次のように紹介した。

「その香りをどう形容したらいいのだろうか。甘くて酸っぱく、この上なくまろやか。植物的でありながら一方では、健康な女性が発散する清そで官能的な〝香り〟も併せ持つ。そして何よりもその気品の高さ、高潔さに打たれた。ブランデーの香りがこびた甘さに思えた。

ガラス容器に古酒が注がれた。淡い黄色、見事な透明度。胸の奥まで香りを吸い込んだ後、古酒を口に運んだ。アルコール度は現在、約三十二度というが、なんという淡雪のような軽さ、いささかの刺激もない。

古酒が胃に達すると新たな驚きが……。白炎が一層燃え盛るように芳香が口に噴き上げてきた。とめどなくわき上がる香りは交響曲のようだ。陶然として頭だけ宙に漂っているような酔い心地。識名家の庭の緑がしたたるように新鮮に見えた」

沖縄最古の泡盛の魅力についてさまざまに触れてきたが、そもそも泡盛を長期間熟成させる古酒はどういう経緯で誕生したのか。

『朝鮮王朝実録（李朝実録）』によれば、一四六一年に琉球へ漂着した肖得城が那覇港には一年、二年、三年と分けた酒庫があったようすを記録していることから、当時の琉球では酒を三年間寝かせる習慣があったと想像できる。

『醸界飲料新聞』の一九七七（昭和五十二）年一月七日付に琉球大学教授の故宮里興信が「康熙年間」というタイトルで寄稿した興味深い記事がある。

それによると、一六六六年に摂政に就任した羽地朝秀（向象賢、一六一七—七五年）による飲酒取り締まり令がきっかけとなって、当時の大名たちも自然と酒を貯蔵するようになっていった。

またこれに合わせ、首里三箇の造り酒屋でもだぶついた泡盛を敷地内の甕に保存するようになったという。

島津の侵略で王国としての主体性を失った琉球の立て直しを図った羽地朝秀は、質素倹約、風紀の粛清、農村の復興など次々と新たな政策を打ちだしたが、そうしたなかでの節酒策が芳醇な古酒となって首里の上流旧家に伝わったとされている。

尚順男爵邸では百年、二百年、三百年も経つクースが用意してあって、客の品位を見て、どのランクの酒を出すかを主人が決めていたという。

話題を変えるが、沖縄最古の古酒を今に受けつぐ識名酒造は戦後の泡盛業界をリードしてきた時代もあるのである。

首里の赤田が戦災で泡盛造りができず、一時期那覇市の三原へ蔵を移した際、製造の免許申請が他の蔵より一年遅れて一九五〇（昭和二十五）年に申請したため、どこの小売店にも泡盛を扱ってもらえなかった。

そこで識名盛恒が考え出したのが、泡盛を瓶詰めにして直接売り出す方法だった。それまで泡盛は酒販店が甕から秤でとり出して飲食店や客に売っていたため、それぞれの個別の商品名はなかった。

識名酒造では当時もっともよく出回っていたソースの二合瓶を買い集め、なかを洗浄して泡盛を詰め、コカ・コーラの王冠で栓をして一九五三（昭和二十八）年に売り出すと、これは便利だと消費者のあいだで大ヒットした。

このときに秋の小雨の季節にあう旨い酒ということで「時雨」という名前をつけた。沖縄の泡盛に固有名詞がついた第一号だったのである。

このころの時雨の酒造りはもっぱら三代目の識名謙が担っていたが、妻の和子は当時のようすを次のようにふり返る。

「夫は父盛恒の体調が悪くて早く蔵へはいったのですが、とにかく酒造りに熱心な人で、よく徹夜したし、醪のできがいいときはそのそばで眠りたいというような人だった。私もそうした夫と交代で寝ないで櫂入れをしたこともあります」

識名酒造がその三原から再び首里は赤田の町へ帰ってきたのが一九八四（昭和五十九）年のこと。それから現四代目を継ぐ識名研二が東京農業大学を卒業してサラリーマン生活を終えて郷里へ戻り、父親の謙といっしょに酒造りに励んできた。

「古酒を呑むと口が肥えるので自分ではめったに呑まないし、蔵のタンクにも余裕がないので古酒造りには力を入れてません。それよりもおいしい新酒を造ることが大事なので、麹をしっかり黒くなるように作り、醪はもちろん蒸留するときの温度管理などに神経を使っています」

こう語る識名研二は一九五三（昭和二十八）年生まれ。泡盛造りはタイ米七百五十キロを蒸す作業から始め、黒麹菌をふりかけ米麹を作る。それに水と酵母を加えて醪にして二週間発酵させる。

このシンプルな工程は「全麹仕込み」と呼ばれる泡盛独特のものだ。そして醪の蒸留には原料の風味をあますところなく生かす常圧蒸留機を使うのが泡盛の基本である。

この泡盛の造り方は一段仕込みとも呼ばれるが、これに対して一般的な焼酎では、まず米麹あるいは麦麹をつくり、それに水と酵母を加えて発酵させ（一次仕込み）、その途中で主原料となる芋や麦、米、そばなどを仕込んでさらに発酵させる（二次仕込み）。蒸留方法も飲みやすい酒を造る減圧蒸留にしているのが焼酎の特徴だ。

識名酒造では識名研二は息子の盛貴と工場長の真栄城博の三人で少数精鋭の酒造りを進めるが、東京農大が黒糖培養液から分離開発した専用酵母を使うことによって、香りが良く甘味を感じる「古風味豊かな」泡盛がうまれるのだという。

▽古酒といえば瑞穂

戦後の沖縄で酒といえば米国がもちこんだ洋酒が安く大量に出回り、泡盛の蔵元までがカティーサークなどを愛飲していた。

そんな時代に「泡盛は将来世界一の名酒になる」と言って宴会の席で洋酒は一切呑まず、泡盛しか口にしない男がいた。

戦時中に那覇市長を務め、一九五六（昭和三十一）年から五九年にかけて琉球政府の第二代行政首席を務めた当間重剛である。

ナポレオンやスコッチの特級酒が手にはいっても酒友に「持っていけ」と言って手渡すほどの泡盛好きで、公務で東京へ出張するときは古酒《クース》を小瓶に詰めて関係者への土産にしていた。

そんな泡盛業界の大恩人に終始励まされて成長してきたのが瑞穂酒造だ。

首里三箇の一つ、鳥堀に琉球王国最後の王・尚泰即位の年である一八四八（嘉永元）年に誕生した首里最古の蔵元で、その三代目社長の玉那覇有義に「古酒を売り出して、泡盛を沖縄の一大産業にしてほしい」と奨励し、瑞穂酒造へ金融支援の道を開いたのが当間本人だった。

豪放磊落な人物で、公職を退いてからは沖縄赤十字社の常務などを務めていたが、七十八歳でこの世を去るまで泡盛を終生の友にして離さず、酒仙と呼ばれ周囲から慕われていた。

当間邸で宴席を開くときには当間の妻が作るカシジェー豆腐が評判だった。泡盛の酒粕に豆腐を砕いたものとショウガを刻んで入れた一品で、それは酒が進んだという。

そんな当間重剛に期待をかけられた玉那覇有義は一九一四（大正三）年生まれ。学生時代から体が大きく沖縄相撲のチャンピオンとして知られたが、太平洋戦争中の一九四三（昭和十八）年に陸軍省からの指示でビルマ（現ミャンマー）へ渡って泡盛を製造したことがある。

熱帯気候のビルマでは清酒やビールの製造が行われたが、すぐに沈殿物が生じて飲めるしろものではなく、軍への酒の供給もままならなかった。

戦前南洋のサイパン、パラオ、テニアン島には泡盛の製造所が六軒あってテニアンだけでも年間千六百石の生産高があった。そうした赤道に近い地での実績も考えれば、沖縄の泡盛ならビルマでも生産に適しているのではないかと瑞穂酒造に白羽の矢が立ったわけである。

　そこで玉那覇有義を代表とする五人のメンバーが軍属としてビルマへ派遣された。現地で紹介された酒工場は不適だったので、ラングーンのはずれに新たな用地を探して仕込み場や蒸留施設をつくり、苦労の末に泡盛の蒸留に成功した。

「ようやくできたものを、自分たちで呑んだところ翌朝さわやかに目覚めることができた」。その一番酒を壺に詰めて現地の総司令官・桜井徳太郎中将を訪ね、味見をしてもらったところ、「これは、琉球泡盛にまちがいない」と太鼓判を押してくれた。

　玉那覇有義が首里の酒造組合に電報を打ちたいと頼むと、「それなら軍の打電機から打ってあげよう」ということになり、次の至急電が泉守紀・沖縄県知事と仲吉良光・首里市長へ宛てて送られた。

「ビルマニテ泡盛ノ製造ニ成功ス」

　首里の蔵元たちが祝杯を挙げて大喜びしたのはいう

戦時中ビルマへ渡った瑞穂酒造のメンバー

までもないが、仲吉首里市長は「南方で泡盛を造ることができれば、世界各国へ雄飛することも夢ではない」という構想をもっていただけに、喜びもひとしおだったと伝えられている。

この調子でビルマでは月産五石ほどの泡盛を造り、終戦までに七、八十石の酒を生産したという。

沖縄戦が始まる前の、まだ日本軍と県民が共生していたのどかな時分のエピソードである。そんな関係が大きく変わる歴史は前章に触れてきた通りだが、瑞穂酒造の戦後の発展を逆にけん引してきたのも、この玉那覇有義だった。

当間重剛に励まされた玉那覇は古酒の重要さに目覚め、一九五九（昭和三十四）年に泡盛を熟成させる地下タンクをつくり、十一年後の一九七〇年六月には鳥堀から離れた首里末吉町に二万石の泡盛を低温で貯蔵できる「天龍蔵」を完成させた。

「酒蔵に龍が舞い降りる夢を見た」というのが命名の理由で、ここでは人手のかかる三角棚を使って麹造りを行い、黒麹がもつ本来の味を引き出し、伝統の常圧蒸留で酒を造る。

天龍蔵で熟成させた古酒は角がとれ、丸みを帯びたふくよかな味。のどに転がすと快い甘みが爆発する、そんな感じだ。

瑞穂酒造ではこうしてメーカーとして古酒を大量に生産できる体制をつくり、それまで古酒は家庭で各人が好みで造るものという概念をひっくり返したのだった。

玉那覇有義の娘で、七代目社長の玉那覇美佐子は「父は泡盛造りへの情熱がすごくて県外出荷へも早くから力を入れていたし、古酒のすばらしさを教えてくださった当間重剛先生を心の師と仰いでいました」と振り返る。

瑞穂酒造の酒質が高かった理由の一つに、その後春雨の名で一躍知られるようになる宮里酒造の宮里武秀がつくった泡盛を桶買いしていたことにもよる。

当時、琉球泡盛の蔵というと首里の瑞泉と瑞穂が二大メーカーで、それぞれが県内の中小蔵の酒を集めてブレンドして出荷するのが当たり前だった。日本酒でいうところの灘や伏見の大手蔵が地方の蔵の酒を桶買いするのと同じ理屈である。

ただ、春雨は二〇〇〇（平成十二）年に九州・沖縄サミットが開かれたときの乾杯酒に使われるほどの優れた酒だった。

「非常になめらかで、甘さと香りに独特の個性がある。宮里さんは探求心の強い人で、酒の造りや熟成の仕方にすごい技をもっていた。瑞穂を支えるナンバーワンの造り手だった」とふり返るのは東京農大卒業後の一九七四（昭和四十九）年に瑞穂酒造に入社し、十年間製造部長を務めた西村邦彦だ。

泡盛を地下タンクで貯蔵する瑞穂の天龍蔵

それから春雨も宮里武秀から息子の徹の時代に移り、さらに個性的な酒を造るようになると人気が集まり、瑞穂退社後サンドリンクという酒販店を始めた西村にしても春雨は容易に手にはいらなくなったという。

古酒に力を入れていた瑞穂酒造とはいえ、泡盛の売れ行きが順調でない時代、生き残りをかけて新分野の開拓にも力を入れなければならない。

泡盛の原酒を使った「沖縄白酒」を中国へ輸出したり、サトウキビのしぼり汁や黒糖を使ったラム酒を売り出したりして苦境を乗り越えようとしている。

そうした酒造りの中心になっているのが製造を担当する仲里彬だ。一九八七年、南城市生まれ。東京農大の大学院を経て瑞穂酒造へ入社した理由を泡盛新聞の取材に次のように説明している。

「原料もタイ米ばかりではなく、台湾産のジャポニカ、沖縄県産米と様々なバリエーションで製造していますし、酵母に関しては代表的な101酵母だけではなく、吟香酵母、黒糖酵母、デイゴ酵母など様々な酵母を使っています。

蒸留器に関しても、貯蔵に関しても様々な選択肢があって、泡盛メーカーに就職するなら絶対に瑞穂だと初めから決めていました」

仲里は水を得た魚のように酒造りに邁進するが、最も注目されたのが二〇一八年に造り出した泡盛ベースのクラフトジン「ORI-GiN1848」が内外の権威ある鑑評会で三つの賞を獲得したからだ。

そんな若手のホープが泡盛業界に望むことがある。

「泡盛は酔うために呑む酒というイメージが強いが、若者向けにブランド力をつけてほしい。居酒屋で店員に『どの泡盛がおいしいか』尋ねても『だいたい一緒ですよ』と返事が返ってくる。メーカーごとの酒質の違いを消費者に伝える努力をしてほしいし、居酒屋も料理と酒の相性にもっとこだわっていただければ」

▽古典的手法を今に伝え

昭和から平成に替わった一九八九年秋、鹿児島県の沖永良部島から那覇へ八時間かけてフェリーで渡る旅をしたことがある。首里寒川町で琉球王朝以来の甕を使った昔ながらの手法で泡盛を仕込む石川酒造場を取材し、「南国の酒紀行」というルポを書くためだ。

同社が工場拡張で西原町小那覇の現住所へ移転する前年で、このときには辻遊郭出身の上原栄子が営む料亭「八月十五夜の茶屋」を訪れることもできた。

石川酒造場の創業者・石川政次郎は首里三箇の出身で、家は咲元酒造の隣にあった。本場で学んだ酒造りの技術を奄美大島や石垣島、台湾に伝え、戦後首里に戻り首

タンクを使わず、甕《カメ》に仕込んだ石川酒造場の泡盛

里酒造廠《しょう》に勤務した。

一九四九（昭和二十四）年の民営化にともない、明治中期に途絶えた酒蔵を首里寒川町で再興した。

泡盛の酒造所では仕込んだ醪をステンレスタンクに入れて発酵させるのが一般的だが、石川酒造場では二十本の一石甕（約百八十リットル）に仕込み水と米麹を入れて発酵させた醪をさらに八十本の甕に移して攪拌し品質管理する。

蒸留直後の新酒につく「みーかじゃー」と呼ばれるクセ香を抜くため、甕に移してから貯蔵する。そして新酒として、さらに熟成させて古酒などに分けて出荷していく。

こうしてできた泡盛の銘柄は「うりずん」と「玉友」の名前で知られた。「うりずん」は甘くのみやすい酒で、沖縄の古語で三月から四月にかけてのみずみずしい季節をさす。古酒《クース》の番人土屋實幸が営む酒場と同じ名前だ。

「玉友」は最高の友を意味する。友と語りあいながら飲む酒でありたいとの願いから命名された石川酒造場の創業以来の代表銘柄。

一九五五（昭和三十）年ごろに首里から那覇の竜宮通りまでリヤカーに泡盛がはいった桶を積んで売りに来ていた人物がいた。

居酒屋「小桜」店主の中山孝一は「父親から聞いた話だが、桶のなかにはいっていたのは石川酒造場の『玉友』だった。『瑞泉』や『瑞穂』より先に那覇の市場をゲリラ的に開拓していたわけで、なんとも痛快に思った」と話している。

コメと黒麹を発酵させてつくった醪を蒸留してつくるのが泡盛だが、蒸留後にカシジェーと呼ばれる大量の廃液が出る。廃液といってもクエン酸やアミノ酸などの栄養分を豊富に含み、戦前の首里三箇では豚のエサに与えていた。

「豚にいいものなら人間の健康にも効くのではないか」

こう考えたのが石川酒造場二代目、東京農大を出た石川信夫で、一九七三（昭和四十八）年に廃液から「黒麹もろみ酢」を抽出して、売り出したところ爆発的にヒットした。

それまで海洋投棄して処分していたが、プランクトンが大量発生して赤潮の原因になるとして禁止されていた。

そんな画期的な処理方法を敢えて専売特許をとらず公開したため、他の泡盛メーカーも製造に乗り出し、泡盛の売り上げに迫るもろみ酢ブームを一時期まきおこした。

石川は「西原町に移っても自分たちは首里の蔵という気持ちに変わりはない。いいもろみ酢を造るコツは、いい泡盛をつくることにつきるのだから」と話していた。

石川酒造場は平成から令和に移り、大城俊男、平良昭と経営トップは替わっているが、先代の功績をたたえ「発酵学を修めた若い人材を中心に、新しい商品の開発に挑戦していきたい」としてクラフトジンやリキュール類などを売り出している。

日本の沿岸漁業、なかでも尖閣列島の取材をするために沖縄本島から遠く離れた石垣島と与那国島を訪れたのは二〇一三（平成二十五）年秋のことだった。

八重山最古の蔵元と呼ばれる玉那覇酒造所のルーツも首里で、明治末期に石垣へ渡った分家の玉那覇有和が酒造りを始めた。

山々が連なり、緑と水が豊富な石垣島は泡盛造りに向いていて繁盛したが、大きな煙突のある酒造所は沖縄戦で米軍の標的にされ爆撃に遭い全焼したという。

それでも家族で力を合わせて戦後の復興を果たし、二代目の玉那覇有幸が石垣近海で不慮の事故で亡くなってからは、妻の吉子が三代目になり女手一つで蔵を守り抜いた。

一九七六（昭和五十一）年には息子の有紹がサラリーマン生活に終止符を打って島へ戻り、四代目をひき継いだ。

玉那覇有紹は妻の美佐子と二人三脚の酒造りをつづけ、「蒸した米つぶ全部に麹菌が着床して黒くなるまで仕込む老麹《ひね》がうちの特徴。コクや甘味、まろよかさを十分に引き出し、古酒にするための酒を意識している」と話していた。

こうして育てた醪を沖縄本島ではみられなくなった地釜を下から直火で炊く「直釜式蒸留」で造りだす泡盛は、濃厚で旨みのある酒に仕上げるのだという。

玉那覇酒造で出すブランドは最高を意味する「玉」と、酒をイメージする「露」を合わせて「玉の露」と命名している。

玉那覇有紹はこだわりの酒を造るかたわら沖縄県酒造組合の会長も務めていたが、私が話を聞いた一年後の二〇一四（平成二十六）年七月に胃がんで亡くなった。享年六十七歳。その後を息子の有一郎が伝統の酒造りを継いでいる。

その石垣島からは小一時間の飛行で着く人口約千七百人が暮らす島が日本最西端の与那国島だ。

台湾まではわずか百十キロで、晴れた日には島自体が望め、戦後の一時期台湾とのあいだで密貿易が盛んだったという。ドラマ「Dr.コトー診療所」のロケ地にもなった。

久部良という集落の「海響」という居酒屋にはいり、カジキマグロの内臓ポン酢和えや骨の唐揚げを肴に名物の花酒で一杯遣ったが、香りが鼻に抜けた後、心地よい甘味が体内で爆発する、そんな印象の酒だった。

花酒はアルコール度数六十度の強い泡盛で、飲用のほか医薬品の代用や遺骨の洗骨に使われ与那国だけで製造されてきた。自生するクバの葉を巻いたボトルで知られる。

島内に三か所ある蔵元のうち、一九二七（昭和二）年創業の崎元酒造所を訪れると、れんが造りのかまどに据えつけられた地釜から芳醇な香りの蒸気が工場いっぱいに立ちこめていた。

石垣島の玉那覇酒造所と同様、昔ながらの直火蒸留釜を使っていて、崎元俊夫代表は「地釜は醪をきれいに溶かしてくれるが、焦げる心配もあるので、温度管理は大変。機械に任せるより人手の作業によって濃厚な酒ができあがる」と説明する。

昔ながらの直火蒸留釜＝与那国・崎元酒造所、2013年11月

花酒は十九日かけて仕込んだ醪を蒸留した際、最初に出るアルコール分が高く旨味が詰まった泡盛で、氷点下でも凍らないため冷蔵庫で十分に冷やしトロリとしたところを呑むのもオススメという。

与那国町は、日本最北の離島、北海道の礼文町と二〇一九年に友好交流協定を結んでいるため、崎元酒造所は礼文島の水を使ったオリジナル泡盛「波声（はごえ）」をつくって礼文町に歓迎されている。

崎元代表は「お互いに日本の一番端にある離島だが、かけあわせることで島の将来にプラスにしていきたい」と話している。

第三章　クースの番人

▽市場出身の知事

二〇一八（平成三十）年八月に六十七歳で死去した沖縄県知事の翁長雄志は自民党県連幹事長を務めるなど保守系の政治家だったが、米軍普天間飛行場の辺野古移設反対の民意を背負い、国との闘いの先頭に立ちつづけた。

沖縄戦が終わって五年後に生まれた翁長は、小さいころから大人たちが米軍基地をはさんで保守と革新の立場に分かれて激しく争う場面をいやというほど見てきた。

那覇市長を務めてからは「イデオロギーよりアイデンティティが大事」として、オール沖縄の立役者となった翁長だったが、子どものころに、よく遊んでいたのが那覇市の栄町市場だ。

今は「ゆいレール」の安里駅近くにあり、トタン屋根やシート張りが目立つ老朽化の進んだ古典的な市場で、終戦後の一九五〇（昭和二十五）年に米軍から解放された土地につくられた。

肉や魚、野菜、乾物、衣服など食料や暮らしに必要な生活物資を求めて地元だけでなく、遠方からも多くの人びとがおし寄せてきて、庶民の台所としてにぎわっていた。

この市場の通称豆腐屋通りで翁長雄志の母親和子が蒲鉾や漬物などを売る小さな店を営んでいたので、小学校時代の翁長は学校から帰ると姉といっしょに紅白かまぼこを色づけする作業を手伝っていた。

市場のおばあたちに「タケシ、タケシ。この菓子をおやつにお食べ」などとかわいがられて育っていったというから、翁長は庶民の心が分かる政治家といっていいだろう。

栄町市場のある周辺は戦前、沖縄軽便鉄道の安里駅と「ひめゆり学徒隊」の母校である沖縄師範学校女子部や県立第一高等女学校があった場所で、沖縄戦ですべてが焼け野原になり、戦後は米軍の資材置き場にされていた。

「ひめゆりの歴史を忘れないでほしい」として一九六七（昭和四十二）年にひめゆり平和祈念財団が同窓会館を建てて平和や文化を発信する拠点に使われていたが、その後老朽化も進み、二〇一八年に建てなおしがされた。

ピーッという音を立て、白い蒸気を上げながら走る軽便鉄道は一九一四（大正三）年から四五（昭和二十）年まで走っていた県営鉄道で、海陸連絡線や嘉手納線、糸満線などがあり、総延長四十七・八キロ、駅は三十を数えた。ケイビンの愛称で親しまれ、朝夕はひめゆりの女子生徒もよく利用したが、沖縄戦ですべてがなくなった。

路面電車が戦後復活しなかったのは、米軍統治下に置かれて軍の基地および移動に必要な道路の建設が最優先されたからだった。

さらに都市開発により路面電車の駅の跡もほとんど残されてないが、軽便鉄道にかんする資料館は県内で唯一与那原町に「町立軽便与那原駅舎展示資料館」という形で残されている。

戦後はモノレールであるゆいレールが二〇〇三（平成十五）年に那覇空港―首里間で開業し、二〇一九年には浦添市にあるてだこ浦西駅まで走らせている。

現在栄町があるあたり一帯を開発したのが翁長雄志の父親である翁長助静・真和志村長（一九五七年那覇市と合併するまでは真和志市長）で、祖父は琉球王朝の崩壊とともに没落した首里の士族だった。

翁長一家は生活に困窮し、読谷村の開墾地に移ったが、祖母の「首里城の見える所に戻りたい」という強い願いを受けいれ、首里に隣接する真和志村に帰ってきた。

ここで一九〇七（明治四十）年に生まれたのが助静だったが、祖父は助静の父親を農夫として働かせながらも孫には教育を考え、首里第一小学校へ越境入学させた。難関の第一中学にも進み、高等師範学校の二部へはいる。

翁長助静は戦時中、鉄血勤皇隊の諜報機関である千早隊を束ねる立場にいて、その下にのちに沖縄県知事になる大田昌秀がいた。

革新の知事だった大田は後に自民党県議で論客の翁長雄志に議会でやりこめられるが、因縁の対決についてはは後にくわしく触れたい。

翁長助静は大戦末期に南部の喜屋武岬近くを敗走しているとき、父は米軍の砲弾の直撃を受けて落

栄町の居酒屋ボトルネック

命し、義理の妹もひめゆり学徒隊として戦火に散った。

そんな地獄絵図を生きのびた翁長は、戦後教員出身の首長らしく当初栄町の一帯を文教地区にする構想を描いていたが、米軍政府によって琉球大学が首里城跡に創設されることになり、計画は立ち消えになった。

替わって登場したのが公設市場を中心としてにぎわいをつくる町づくりプランで、公営バスセンター、沖縄劇場、教職員会館、水産会館、沖縄第三の新聞社などを町の中心に配置した。

「開業一高女跡！　静かな場所に新築完成新年宴会・ご集合に社交場に是非当亭を御利用下さい　真和志村公営バス管理所裏料亭よつ竹」

これは沖縄タイムスの一九四九（昭和二十四）年十二月三十一日に出た広告だが、

「よつ竹」は戦時中に焼失した辻遊郭の名店で、栄町は料亭、旅館街としても名を馳せた。「左馬」「わかふじ」「玉家」なども辻の流れを継ぐ店だった。

こうした旅館のなかには風俗営業も兼ねる場合もあって、栄町は歓楽街として発展し、一九六〇年代にはバーやサロン、カフェ、おでん屋、山羊料理店も立ち並ぶ「栄町社交街」として知られていく。

一九七〇（昭和四十五）年三月十五日付の琉球新報は栄町の現状を「約七十軒の旅館がある。いわゆる赤線地帯だ。一軒で数人の特殊婦人をかかえ、一帯にはこれらの婦人だけでも三百人におよんでいる」と紹介した。

そんな栄町の市場が最も栄えたのはドルで商品を売り買いした一九五〇年代の米軍統治時代から本土復帰後の一九七〇年代までで、市場のなかは足の踏み場もないほどの人出だったという。

栄町市場は大手スーパーなどの進出で寂れた時期もあったが、一九九〇年代後半に商店街の振興組合ができてからは屋台まつりが始まり、地元のミュージシャンが舞台に上がり活力が生まれてきた。

宜野湾市でバーを営んでいた一九六八（昭和四十三）年生まれのブルースマン・知念保が市場内に居酒屋の「栄町ボトルネック」を誕生させたのは二〇〇〇（平成十二）年のことだ。

地元女子大生と恋に落ちて家庭をもった知念のことが一つのブルースになり、多くのファンが訪れた。

「市場の魅力はヒューマン・ノイズにあると思う。店番をしているオバアのおしゃべりだったり、若い商売人の発する元気な声だったりする。栄町市場ではこれに音楽が加わり、ボトルネックが呼び水になって赤提灯が次々と進出してきた」と話すのは自身も市場内で古書店を営んだ作家の宮里千里だ。

やかんからカツオと昆布だしの利いた熱々のスープを自分でどんぶりのそばにかけて食べる「うちなースバ（沖縄そば）」。宮里がボトルネックで呑んだ後のシメに食べる一品で、知念は「開店した当時の家賃の大半は千里さんが呑み食いしたお金で支払ったようなものです」と言って笑うほどだったという。

こうした動きは二〇一二（平成二十四）年に新田義貴監督の『歌えマチグヮー』という映画にもなった。マチグヮーというのは市場を指すが、戦後沖縄のヤミ市から商業を復興させた主役は市場の女性たちだったのである。

食料や日常の生活用品のほか米軍からの横流し物資なども扱い、戦争未亡人になる人もいながら子育てもしてたくましく生きるのが彼女たちだった。こうした女性をモデルにしてつくる歌手グループの「おばぁラッパーズ」はＮＨＫにも出演し、一躍人気者になった。

約一・三ヘクタールのアーケード内には今も約百二十軒の小さな店がひしめきあっている。昼はのんびりした買い物タイムが流れるが、夕闇が近づくと居酒屋の街に変貌し、泡盛のコップ酒を片手に豚足やギョウザ、マグロの刺身などをつまむ年金生活者の姿もよく見かける。

「昭和の色と匂いを今に伝える全国的にも貴重な街」として沖縄観光の新たなスポットとしてガイドブックに紹介されるまでになってきた。

▽沖縄全土の酒ぞろえ

そんな栄町市場のゆいレールが走る高架下近くにあるのが、古酒《クース》の番人こと土屋實幸が営んでいた居酒屋の「うりずん」だ。

木造のがっちりした古い二階建て家屋で、入り口の屋根には魔除けの守り神・シーサーが鎮座して客を迎え入れる。その上には「泡盛古酒と琉球料理」の看板がかかる。

青いノレンにある「うりずん」という流れるような文字は、常連客で高校教師の末吉安久が土屋にたのまれ書いた。「私は絵描きで文字書きではありませんよ」と言いながらも、優しさのある字をしたためてくれたのだという。

「ウチの建物は元料亭つまり連れこみ宿だったのが、蕎麦屋になってから呑み屋に化けた。このあたりは売春地帯だったから当初客はほとんど来なかった。暴力団の組事務所が五つもあったし、大体ネクタイ族なんか歩いてない町なのですよ。だから自分も昼の弁当屋をやったり、女性のブラジャーやパンツを売り歩いたりして日銭を稼いでいたんです」

うりずん夕景

土屋實幸は一九七二（昭和四十七）年八月十五日の開店当時をそうふり返る。輸入ウイスキー全盛の時代に弱冠三十歳の好青年が抱いた大志は、離島も含め沖縄全土にある五十七蔵の泡盛すべてを自分の店に集め、島酒ファンを増やすことだった。

「当時の那覇は瑞泉と瑞穂という二つの首里の蔵が圧倒的に大きく、それ以外の泡盛は目立たなかった。田舎や離島の酒は互いの領分を侵さないというルールがあって、地元にしか出回らないのが現状だった。そんな時代だったので、地方を自ら積極的に歩いて泡盛を集めるか、旅に出る知人に一升瓶を手に入れてくれるようたのむしかなかったのです」

そんな地方の酒集めを手伝った一人が当時の琉球大生比嘉敏彦である。「自分はやんばる（県北部）へ何度か買い出しに行った。うりずんを開店したころは客がはいらないので『国際通りから赤じゅうたんを敷いたらどうか』『いや泡盛をタダにしたほうが早い』なんて常連は無邪気なことを言ってました。それでも三年くらいで店の外に置いたビール箱に順番待ちの客が座るくらいになった」と当時のようすをふり返る。

地方の酒蔵にしても自分の酒は地元でしか売らないので、土屋實幸の動きを当初警戒していたが、やがて熱心な土屋に心を開くようになる。沖縄本島の地方や離島から那覇へ出てくるたびにうりずんへも顔を出して、自分の蔵の酒が棚に並んでいるのを見て、心がくすぐられるような気持ちになって帰っていく。

いつもふっくらしたヒゲづらで、人の心を引きつけてやまない土屋實幸とは一体、どんな人物なのか。

一九四二（昭和十七）年二月に那覇市で生まれ、本部へ引っ越して中学まで過ごし、高校はUターンし県立那覇高校に在学した。

「明るい性格で、ハンサム。スポーツも勉強もできるので皆の人気者だった」というのは高校時代の同級生で、桜坂で居酒屋「酒処中年亭ゆうばんまんじゃー星」を営む新垣昭男の思い出だ。

土屋は「法律を学び、その学問を沖縄のために役に立てたい」という願いがかなって東洋大学の法学部に入学した。父親の實信は本土出身で出征して帰らぬ軍人だったので、母親の千代一人の手で育てられた。当然生活は苦しく、生活費も授業料もすべてアルバイトで稼ぐ約束で上京の許しを得た。

最初は杉並区高円寺に下宿を借りたが、たちまち沖縄の友人のたまり場になってしまい、「ひと部屋貸したら二十人もいるなんて。困ります」と大家に叱られ、部屋を出ていかされる羽目に。

本土と沖縄では何かと生活習慣もちがい、かみあわないことが少なくなかった。「東京の人はなぜすぐ怒るのか、理解できなかった」とふり返る。

バイトも新聞配達だけではメシが食えない。牛乳配達なら牛乳を飲めて栄養もとれるが、朝昼晩の毎日約三百軒にかならず配達し、瓶も回収しなければならない。

夏休みになってもバイトは休めないので帰省はできず、沖縄の母とは手紙のやりとりしかできなかった。

「毎朝四時の起床でつらかった。でも、牛乳屋さん一家がいい人たちだったので六年間がんばって大学も何とか卒業した。女の子とデートしようにも、そのゆとりもコーヒーを飲む金すらなかった。僕はロマンチストだから喫茶店が好きだけれどあまり行く機会もなかった。ともかく、東京でヘトヘトになってしまい、逃げるようにして沖縄へ帰ってきたのです」

そんな厳しい東京生活のなかで親しくつきあった友人が静岡出身の安間繁樹で、忘れられない思い出がいろいろあるという。

土屋と安間はアルバイトで稼いだ収入をもって月に一回くらいの割合で琉球料理を出す料亭に通って豪遊したことも。

「土屋さんは誰に対してもやさしい人間で、困った人がいるとほっとけないタイプ。小学校の校庭がぬかるんでいると聞けば休日に店の常連を行かせて直してあげるというように。

その反面、才覚と人を見抜く力もあって、牧志の市場で友人と衣料品店を開き、南米移住者もお客さんにして大いに繁盛したこともある」

土屋實幸との思い出をこう語る安間繁樹は早稲田大や東大の大学院で哺乳動物生態学を専攻した登山家で、後に西表島へ移住し、イリオモテヤマネコの動画撮影に世界で初めて成功した研究者だ。ヤマネコの映画は沖縄では「うりずん」に映写機をもちこみ、初上映となったのはいうまでもなく、二人は生涯のつきあいをつづけることになる。

土屋はその安間と厳冬期に奥秩父の金峰山に登り、小諸に住む女性の家を訪ねたことがある。長野行きの電車で偶然知りあった同じ土屋姓の女性に心を魅かれた土屋のわがままに安間がつきあったのである。

厳しい深雪のラッセルを体験した後、女性の家で、わさび餅や山鳥の鍋も出してもらい大歓迎されたこともあったというのは東京時代の数少ないよき思い出だったという。

土屋實幸が沖縄へ戻ったとき、那覇の街の酒場では舶来もののジョニーウォーカーやレミーマルタンが並び、泡盛には誰も見向きもしない。島の酒でありながら市民権は認められず、そんなものを呑むなんてと口に出すこともはばかれるような冷たい空気が漂っていた、という。

芸術家の岡本太郎が沖縄の本土復帰の一九七二（昭和四十七）年に出版した『沖縄文化論——忘れられた日本』（中央公論社）のなかに次のようなショッキングな一節がある。

「沖縄第一夜の歓迎宴に招かれて行く。琉球舞踊も見せる大きな料亭の一つである。『お飲みものは？』と聞かれて、『泡もり』と答えた。何をおいてもかの有名な泡もりをのまなきゃ、ここに来たカイがない。すると、『泡もりですか』とみんなちょっとケゲンな顔をした。なるほど宴がはじまると、泡もりをサービスされたのは私だけで、沖縄の諸君はもっぱらビールかスコッチウイスキー、しかもウイスキーをコカ・コーラで割って飲んでいる。俗称コクハイである。

こんなうまい土地の酒を、どうして飲まないのかと意地になって一人であふった」

岡本太郎はこの宴の後に一人で桜坂の飲食店街に出かけて泡盛を探しまわったが見つからず、場末のおでん屋か屋台へ行かないと呑むことができないことを知りショックを受けるのである。

土屋實幸はそんな時期に泡盛専門の酒場を開くことになるが、大きな影響を受けたのは牧志の公設市場でタオル屋を営む宮城裕と桜坂にあった「民藝酒場おもろ」の主人新垣盛一の二人だ。

宮城とは土屋が東京の大学生活を終えて那覇へ戻って市場をブラブラしているとき、「青年、酒呑むか?」と声をかけられ、「ぜひ、お願いします」と言ったところ、アメリカ水筒からトクトクと注いでくれたのが本格古酒《クース》だった。

刺身をつまみながら昼間から盃を重ねるうち、いろんな話を聞いた。宮城は若いころ、一合の泡盛を仲間と金出しあって買い、コーレーグス(唐辛子)をかじって百メートルを全力で走って酔っぱらううち、「少しの酒でもいい気持ちになる方法を見つけた」などという昔話を聞かされ、笑い転げた。

ある日、「うちへ来るか?」と誘われ、自宅へ案内され六畳ほどの部屋に円形棚が並んでいて古酒の甕がずらりと並んでいる光景に驚かされた。

宮城の妻の「うちのオジイは毎日ちがう甕から酒を出して晩酌するのが楽しみなのよ」という話も新鮮だった。

となりの部屋には一升瓶が何十本もストックしてあり、「四十三度の泡盛を常時五年ほど寝かせている。生酒(新酒)は体によくないからね」という説明にうなずくしかしかたがなかった。

ベランダには一畳くらいのマットが敷いてあり、毎朝起きたらそこで柔軟体操をする。「朝汗をかいたら酒が美味しいからさ」

土屋は宮城によって古酒の魔性の世界へ導かれることになる。

一方、「民藝酒場おもろ」で扱う酒は首里で造る「瑞泉」一銘柄のみで、頑固一徹の店主新垣盛一が一九五〇（昭和二十五）年ごろに桜坂社交街の一角、グランド・オリオン通りに続く路地に開業した。那覇では最も古い酒場といえようか。

新垣はそれより三十年前に那覇市で生まれ、戦時中は大阪市で軍関係の施設で大砲造りの作業に従事していた。敗戦後は熊本に移り沖縄人連盟青年部の仕事をやっていたが、一九四八（昭和二十三）年の夏に三角港から家族でボコタ丸という小型貨物船に乗って二百人くらいの引揚者といっしょに沖縄へ戻った。

針や糸、昆布など不足している生活物資や書物を持って帰ったが、どれも飛ぶように売れた。弁護士や警察官上がりの人物が米軍物資で密貿易をして成功していたというアナーキーな時世の話である。

日本本土では芦田均内閣の時代で、第二次吉田茂内閣が成立する直前、日本の新円からB円（軍票）へ通貨の切り替えが行われた直後のことだ。

当時の政治・経済・文化の中心地である石川市（現うるま市）に住み、米軍基地内で庭の草刈りや手入れを受けもつガーデンボーイや炊事係の仕事

民藝酒場おもろ

をするかたわら、軍の物資を抜きとって懐を潤おしながら那覇へ戻った。

そしてこだわりの酒場経営に身を投じるわけだが、店の名前は文芸好きの本人らしく沖縄最古の歌謡集『おもろさうし』から「おもろ」をとり、こう名づけた。

「あのころは、ひどい時代だったね。いま考えると、どう過ごしたか分からんほどに、食べるために必死だった。

でも悲惨と言われれば、反発したいところがある。無我夢中で、悲惨と思う余裕もなかった。というか、お祭り騒ぎのままで過ごした。才走って働けばお金になり、それを楽しんだ者も大勢いる。闇市とか呑み屋とかは、そういうもんだよ。深刻な顔して黙々と働くようなところじゃあない。内心はともかく、大声を出して、ときにとっ組みあいもしたり、見ず知らずの者同士が酒を酌みかわしたり、もともとはそんなそうぞうしいところなんだろう。

しょせんは、食い気と色気かな。

まあ、戦争は悲惨だったが、盛り場の復興は、暗いイメージではなかったな」

沖縄が本土復帰前の一九六九（昭和四十四）年に「おもろ」へやってきた民俗学者の神崎宣武は新垣盛一からの聞き書きを『盛り場の民俗史』（岩波新書）のなかで、以上のように記している。

「民藝酒場おもろ」では新垣盛一の妻よし子が出す琉球料理が評判だった。豆腐やゴーヤーのチャンプルー、イカの墨煮、ヘチマの味噌炊き、グルクン唐揚げなどを肴にして常連は泡盛の瑞泉を呑んで皆ご機嫌だった。

共同通信那覇支局の伊高浩昭は『沖縄アイデンティティー』（マルシェ社）の中で新垣盛一について次のように回想している。

「オヤジは気分屋で、上機嫌のときは壺屋焼きのとって置きのカラカラ（手と口のついた徳利）を出し、客と泡盛を呑んで大いに語り、見事なカチャーシーを踊った。反対に機嫌が悪いと、二階に閉じこもった切りで姿を見せなかった」

カチャーシーというのは沖縄方言で「かき回し」を意味する。三味線の早弾きに合わせて両手を頭上に上げながら、手首を左右に回しながら振る踊りで、宴席のクライマックスに登場する。

新垣はカチャーシーを踊るほか、クルマー（車夫）の物まねも得意で、人力車の持ち手をうまく操りながら坂を登り、下っていく様子をユーモラスに演じ、宴席の爆笑を誘った。

そんな新垣はおもろを営む傍ら、自らも絵を描き、沖展（沖縄タイムス主催の総合美術展）に出展するなどして、さまざまな文化活動にも貢献した。

東京・渋谷の小劇場ジアンジアンの姉妹劇場「沖縄ジアンジアン」を一九八〇（昭和五十五）年に那覇市へ誘致するためにも中心になって動いた。

「ともかく頑固で偏屈なオヤジでした。心の中では沖縄文化の真髄をしっかり守りたいという気持ちがあったのでしょう」と語るのは店を継いだ新垣の長男則武だ。

一九五九（昭和三十四）年六月、米軍の小型ジェット機が石川市の宮森小学校に墜落して小学生ら十八人が死亡したとき、新垣は則武ら息子たち三人を夜中にたたき起こして犠牲者の冥福を祈らせるなど、子どもたちの教育には厳しかったという。

周囲の呑み屋が地上げされた桜坂の外れにたつ「民藝酒場おもろ」の外観は茶色くさびたトタン張りのバラック小屋のように見えるが、夜になり入り口に白い明かりが灯ると生気を蘇らせる。戸を恐る恐る開けると宮大工が釘を一本も使わずに作った精巧な造りのカウンターや棚、まきを積んだ調理場に驚かされる。

壺屋の焼き物や民具類、芭蕉布などの民芸品も並んでいて、その上には沖縄出身の詩人・山之口貘（一九〇三－一九六三年）が一九五八（昭和三十三）年に三十四年ぶりに帰郷しておもろに立ち寄った際、新垣のために書いた「座布団」という詩が飾ってある。

土の上には床がある
床の上には畳がある
畳の上にあるのが座布団でその上にあるのが楽といふ
楽の上にはなんにもないのであらうか
どうぞおしきなさいとすすめられて
楽に坐ったさびしさよ
土の世界をはるかにみおろしているやうに
住み馴れぬ世界がさびしいよ

こうした琉球文化の粋が集められた場に全国からさまざまな客人が泡盛を呑み、新垣と語り合うために訪れた。

一九六四（昭和三十九）年四月には陶芸家の濱田庄司（一八九四―一九七八年）と英人バーナード・リーチ（一八八七―一九七九年）夫妻がそろって来店したこともある。

濱田とリーチは一九一八（大正七）年に京都で出会って以来の半世紀近いつきあいがあり、日本民藝協会全国大会に参加するため初めて沖縄を訪れたのである。

東京五輪の開催で日本中が沸いていたときで、一行の取材をしたのが沖縄タイムス学芸部記者の川満信一だ。

「おもろの主人は柳宗悦らの民芸運動の影響を受けていたので、宴をやるなら新垣さんの店でということになったのでしょう。おもろで扱う酒はウイスキーではなくて泡盛しか置かなかったというのは、今でいうところの地産地消の考えではないか」と回想する。

おもろを訪れたバーナード・リーチ（中央）と濱田庄司たち

川満は一九三二（昭和七）年生まれで、沖縄を代表する詩人の一人として名高いが、八十歳を越えてなおおもろの常連でいるのは「料金が安くてボラない店なので自分のような骨董品的人種でも酒を呑みに通えるのです」と言って笑う。

土屋實幸は何かにつけおもろの店主新垣盛一の影響を受け、「うりずん」という店名も新垣本人につけてもらった。

「あけもどろ」、「うりずん」のどちらかを選びなさい、と言われ語感がいいうりずんの方を選んだ。うりずんとは旧暦の三月。若葉が緑をのぞかせる前の、大地が潤うさわやかな季節を指す。

そんなおもろが開店して三十周年の記念の会に土屋も招かれて、新垣が招待者に差し出したジョニーウォーカー黒の十二年ものを見て、我が目を疑った。

「オイ、オヤジ。どういうつもりだ。ウイスキーなんか出してきて。秘蔵の古酒でも出して呑ませてくれんのか」と思わず口走ってしまう。

敬愛する新垣にしてもホンネは洋酒信奉者だったのか。瑞泉にとことんこだわったのはただの頑固おやじだったからなのだろうか。

衝撃を受けた土屋は「寂しかったけれど、それなら自分でクースを寝かせていくしかないな」とハラを決めたのだという。

新垣盛一はそれからまもない一九八〇（昭和五十五）年四月に肝臓がんにより六十歳の若さであの世へ旅立っていった。念願の沖縄ジアンジアンが開館して二か月後のことだった。

ジアンジアンは新垣の三男で、国学院大学で史学を専攻した裕之が三年間支配人を引き受け、一九九三年に閉館するまで地元の音楽家、俳優らのほか淡谷のり子や永六輔らも来演してにぎわった。

西原町で古書店も営む新垣裕之は崩し文字を読めるため、一九九二（平成四）年の首里城復元の際には古い史料を読みこみ、失われた王城の再生に尽力したこともある。

そうした新垣裕之には琉球文化への造詣が深かった父・新垣盛一に通じるものもあるだけに、三十周年の会で洋酒を出したことについて「誰かからもらった酒をたまたま出したのでは」と言って笑った。

そして「オヤジは日本酒は時間がたてば駄目になるが、泡盛は古酒になる、民族の立派な酒だといつも言っていた。自分たちの酒を大事にするのはウチナンチューの自己意識だと思うのです」とつけ加えた。

三十周年会のエピソードについて土屋實幸と新垣盛一の関係をよく知る地元放送ジャーナリストの上間信久が次のように補足する。

「葬儀に駆けつけた土屋さんは泡盛で湿らせた自分の指を新垣さんの口のなかに入れ、『僕が後を継ぐからね』とくり返し語っていた。迫力のある光景だった。

このころはまだ古酒など十分に出回らない時代だし、いい酒を出したくても出せなかったと理解するのが自然なのではないか。沖縄人というのは弟子をつくるのが本当にヘタなのです」

▽百種の料理を出す酒場

泡盛が好きで、人が好きで「やさしさに勝るものは何もなし」が口ぐせの土屋實幸。彼が仕切る居酒屋「うりずん」は一階、二階あわせて十五坪のそう広くはない居酒屋だが、壁から柱まで手作り感であふれている。

というのも店を開くとき、資金がないからプロに内装の手直しをたのむことができなかったからだ。すべてを手伝ったのが土屋と本部町渡久地の小学校時代に仲がよかった島武己である。家がとなり同士のうえ、母親も同級生というあいだがらだった。

「首里の居酒屋で土屋と二十年ぶりに出会い、酒を一緒に飲むようになった。自分は内向的な性格だが、小学校時代の土屋はガキ大将でいつも子分を五、六人連れて野山を元気に走りまわっていた」

こうふり返る島について土屋は「土の塊を宝石に変える男」と評する。今では沖縄を代表する陶芸家として知られるが、若いころはその風貌から仲間内では沖縄のユル・ブリンナーとも呼ばれていた。「うりずん」で泡盛を古酒として貯蔵している甕も、ぐい呑みなどもほとんどはそのブリンナーによる手づくり作品だ。

そんな島武己の個人史について少し触れる。

本人が幼いころから母親が本部から那覇に働きに出ていたので、地元で神女と呼ばれる祖母とその妹に育てられ、「沖縄の魂」の種子を植えつけられた。

特に二人のオバアの話にくり返し出てくるニライカナイ（海のかなたの理想郷）という言葉に魅かれ

るようになり、自然のもつ美を作風にとりこむようになっていく。

島は当初画家を目指したが、「絵描きでは生活できない」と親族に諭され、十七歳で壺屋の陶芸家・小橋川永昌（一九〇九―一九七八年）に弟子入りした。小橋川は人間国宝・金城次郎（一九一二―二〇〇四年）、新垣栄三郎（一九二一―一九八四年）とともに「壺屋三人男」呼ばれる存在だった。土踏みから始まり、カラカラ、シーサー、花生け、茶碗挽きなどを大量に作り、轆轤を使う基本はここで習得し、二年連続で沖展賞も受賞した。

二十二歳で小橋川家を辞した島は琉球古陶磁の世界にはいって行く。壺屋焼に統合される前の喜名焼、知花焼などのこん跡を求めて、沖縄本島から宮古、八重山を歩き、草木に埋もれた古い窯跡や瓦造りの跡で陶片を念入りに拾い集め、目に焼きつけた。

うりずんで使う酒器はすべて島武己が焼いた

そして一九六九（昭和四十四）年、二十六歳のときに陶芸研究家の小山富士夫に出会い、南蛮焼研究に参画するようになり、自ら秘めていた五百年前の古窯復活を一九八〇（昭和五十五）年に中城村久場台城の丘で実現する。
従来の穴窯に改良を加え、独自の半地下方式にして千二百度の高温で焼けるようにして、釉薬を使わずに焼き締めで自分の理想とする色を出すことに成功した。陶芸が「炎の芸術」と呼ばれるゆえんだろう。

島が作品を焼く際に関心を払うのは「線とバランス」で、自然と対話する島は直線ではなく曲線を重視する。作家の水上勉は東京で島の個展を見て、自由奔放な作風に「豪作だ」と独特な表現で評したという。

島武己は二〇〇四（平成十六）年に故郷の本部町に帰り、阿弥陀城古窯を開き、長年温めてきた「土の宝石」づくりに乗り出す。

高温で焼きしめた作品を今度はひと月もかけて砥石とペーパーで磨き上げる。そうすると、内側に秘められていた「いろ」が浮き出てくる。朱赤の紫であり、黒墨の紫などとさまざまな色が変化して艶を出す。

琉球南蛮研究会の幸地光男は『島武己　土の宝石をつくる』のなかで島の歩みについて「沖縄の地底に渦巻く魂のマグマが造形の世界で出現してきたかのようだ」と評している。

土屋實幸が首里の酒場で出会ったころの島武己は、有名になるはるか前の、南蛮焼の世界に首をつっこんでいるころだ。

土屋が居酒屋「うりずん」をつくるため手に入れた建物は元蕎麦屋で、柱が多くて酒場としては使い勝手がよくなかった。そこで全面改装を考えたわけだが、まず壁をどうするか。

陶芸をしていた島にとって、土はいつも身近にあったから店内の壁をすべて土壁にしようと考えた。「土ならそう金はかからないし、土壁は夏涼しくて、冬は暖かい。泡盛を呑む雰囲気には土が一番ふさわしいと思ったからだ」と話す。

県北部からダットサンで七台分の赤土を運び入れ、これにセメントを混ぜて店内の壁をすべて塗りつぶすつもりだったが、途中で板のほうが安くつくことが分かり方針を変えた。このため店の奥は土壁、客席は板壁という不自然だが、味わいのある構造になっている。

一階の酒を出すコーナーと客席を仕切るカウンターは樹齢三百年のマツの一枚板でつくったが、これは糸満で漁師の船をつくった残りを製材所の知りあいを通して手に入れたという。

うりずんの主人・土屋實幸はこうしてできあがった手造り酒場の一階客席のどこかにいつも座っていて、客と一杯やりながら上機嫌で談笑していたが、この店を実質的に支え、盛りあげているのは常連の客たちだった。

土屋自身が東京で牛乳配達のアルバイトをして不自由な学生生活を過ごしただけに、規則が多い、ウルサイ店にはしたくなかった。

開店した初めのころは客がほとんどいなかったので、開店時間も事実上決まってない状態だった。そんなあるとき、尖閣列島の石油採掘権をもつ大見謝恒寿という実業家がうりずんに現れ、毎日午後五時半には店へ顔を出すようになる。

それまで主人の土屋實幸が店へ来るのはそれより一時間くらい後だったので、大見謝は「店主が客より遅れてくるなんて失礼じゃないか」と切りだし「今はいい。でもこれから本土の人間がたくさんやって来るヤマト世になったら、こんな店簡単につぶれるぞ。大丈夫か」とたしなめ、うりずんの営業開始時間が決まったのだった。

大見謝恒寿は一九二八（昭和三）年の大阪生まれ。敗戦の翌年、十八歳で焼け跡の沖縄へ引き揚げてきた。国際石油資本（メジャー）に対抗して「鉱業権」を先にとり、「石油の利益で沖縄を豊かな島にしてみせる」という夢を抱いた志の大きな人物だった。

だが、うりずんへ呑みに来たときはただの酔っ払いオジサンとして店の皆に愛され、数々のエピソードが語りつがれている。

「ウチの店の特徴は合議制なんです。何をするにしても常連に相談せんと、怒るんですよ。泡盛一升瓶の料金の値上げをするときにでも。だからみんなそれぞれが店の主人みたいな顔をしている」

土屋本人はうりずんが開業二十年を記念して作った『「うりずん」の本』という記録集でこう語っているが、

同書のなかで「忙しそうな土屋さんをほっておけない」と語るのは常連の大城良作で、「手伝うのは、ここが自分の店という気持ちから。うりずんはみんながそういう気持ちになる店なんです。だから、初めての人、よそから来た人を、我々常連みんなで大事にするんだ」という。

うりずんに初めて来店した客の誰もが目を向けるのはカウンター奥の土壁の前に泡盛の一升瓶に並んで立つ大きな甕だろう。

「古酒8　うりずん　咲元」と書いた甕が鉄骨で組んだ枠に支えられているが、これは土屋が咲元酒造の三代目社長佐久本政雄から一九八五（昭和六十）年ごろに譲り受けたもので、なかには辛口と甘口の泡盛をブレンドした八年ものの三十度古酒がはいっている。

この甕の管理と、その他ほかのメーカーの泡盛の面倒をまとめて見ているのが咲元酒造の崎間強だ。戦後首里の焼け跡から黒麹菌を発見した佐久本政良の下で酒造りの指導をみっちり受けた、あの崎間である。

初めてうりずんに来たのは開店して二、三年たったころで、「当時は客も少なくて、うちの酒を卸しても大丈夫かと不安に思ったが、土屋さんが妙に落ちついていたのが印象的だった」という。

ともかく崎間はマメな性格で、店内の修理改善ばかりか、土屋の自宅のシャワーや水道まで直したほどだった。

「ほっておけないんだよね。土屋さんはやってあげないと、という気にさせる人なんだ」と笑って話す。

「吉見、吉見って、いつも私の名前を呼んで用事を言いつけるの」と語るのはデザイナーの吉見万喜子だ。

「小間使いではありません、私は」と答えると「呼ばれるうちが花だよ、吉見」と土屋は涼しい顔で言って、笑っているという。

吉見万喜子は一九五二（昭和二十七）年、奄美大島の生まれ。大阪の法律事務所で働いていたが、一九七五年ごろ、那覇へ来てうりずんのとりこになった。

ひめゆり館の入場券の三つ編み女学生とユリの花のデザインなどは吉見の自信作だが、写真家としてもたしかな腕をもつ。

沖縄水産高校などで陣頭指揮を執り、春夏合わせて甲子園二十九勝を遂げた名監督・裁弘義の公私の姿をカメラで追いつづけ、一千枚の写真を保管しているほどだ。

その裁監督自身もうりずんの大ファンで、二十周年記念誌『「うりずん」の本』のなかで、「僕はこの店で学んだんです」というタイトルで次の含蓄ある辛口メッセージを寄せてきている。

「『うりずん』をただ誉めたたえるだけではだめだと思う。うりずんに来て、何かがいやで来なくなった人もいるはずです。うりずんを讃えない人もいる。しかし土屋さんは、そういう人もいることをきちん分かっている。そこがいいんです。だからこそ、こうして今があるとも言えるんではないでしょうか」

素焼きの瓶で古酒を熟成させる土屋實幸

「古酒8　うりずん　咲元」と書かれた大きな甕のなかで八年間眠った泡盛を土屋實幸は一合千五十円で客に出したが、このほかうりずんの店内には十二年もの同千二百六十円、二十年もの四十三度古酒、同二千九百四十円を供する用意もある。

「日本酒や焼酎、ビールと比べると、泡盛は熟成させるほど旨みを増すのだから、古酒にすれば世界中のどんな酒にも負けない自信があります」

土屋がこう語るうりずんの古酒について、ブレンド割合が話題になることがある。

この点について土屋は「自分がうりずんを開店した一九七二年当時、首里には瑞泉、瑞穂、時雨など八つの酒蔵があった。このなかから三つの蔵の酒と首里以外の酒を入れて、辛口と甘口のバランスを考えてブレンドしている」と打ち明ける。

「最初の一杯はストレートで味わってください。少し口に含み、舌先でころがしながら飲みほす。馥郁たる香りとまろやかな味がいいでしょう。この味の余韻を楽しみ、少しきついと思ったら二杯目からはオンザロックや水割りにすればいい」と土屋はクースの呑み方を指南する。

客はこれらの酒にあわせて百種類近い琉球料理の品書きのなかから人気ナンバーワンのドゥル天（タイモのコロッケ）や豆腐よう、スーチカー（塩漬けブタ）……など好みの皿を自分の前に並べる。

うりずんの料理は開店当初は土屋の妻恵子と妹のゆり子が受けもっていたが、シロウトだったので料理名人として知られる具志堅カメに半年間厨房にはいってもらい、本格的な指導を受けた。

「化学調味料などないころの、本当のティアンダア（「手間をかける」「愛情を注ぐ」の意味）の染みた味を知っている具志堅オバアから、うりずんは料理の基礎を学んだというわけさあ」と土屋は語る。

戦時中の体験から「芋と天皇だけは生涯許さない」と言って自宅の食卓には芋料理を出させない直木賞作家の高橋治（一九二九―二〇一五年）がうりずんに来た際、例外的に二皿注文して周囲を驚かせたのがドゥル天なのだ。

まず、ゆでたタイモを根気よく練り、豚肉やかまぼこ、シイタケを混ぜ合わせてドゥルワカシーという琉球の定番料理を作る。これを丸めて油で揚げたのがドゥル天なのだが、ドゥルワカシーはいつも売れ残るので、従業員の夜食用につくったところ、表面はカリッとして、なかはホックリ。味見をした土屋の「マーサン（おいしい）どう。これは上等ね」の一言で品書きへのデビューが決まった。

うりずんは居酒屋にしては珍しく、うりずん定食三千百五十円もある。ラフティー、昆布イリチイ、赤マチ（ハマダイ）や島ダコ刺身など代表的な沖縄料理をフルコースでそろえたもので、一九八四（昭和五十九）年には米紙ニューヨークタイムスに紹介されたこともあるほどだ。

うりずんでは食材の肉や野菜は隣の栄町市場から新鮮なものを直接仕入れる。豚は内臓や血の一滴まですべて料理に使うので輸入物や鮮度の落ちたものは利用できないからだ。

魚介類については土屋や店の調理人が南は知念、北は宜野湾、うるま市の屋慶名あたりの漁港朝市へ顔を出してイキのいいものを手に入れてくる。


そんなうりずんには地元沖縄ばかりか、本土からも日本航空や全日空のパイロットやスチュワーデスはもちろん、個性的な客が多数やって来る。

土屋ファンの作家・椎名誠は一九九二（平成四）年に発行された『「うりずん」の本』に、『「うりずん」にくらくらだ』と題した次の一文を寄せている。


「ぼくにとっていい居酒屋はこんな感じになる。
①新鮮な魚が入っている
②木の机
③カラオケなし、ＢＧＭも不要

④店の人がべたべたと話しかけてこない
⑤勿論酒がうまい
うりずんは以上を満たしたうえで、主人土屋さんの顔つき、たたずまいがまことに風情豊かで気分がいい。

ようく冷えたオリオンの生ビールにドゥル天というものを食べた。……こくーんと喉に激しく愛をささやいていくような古酒が笑って待っていた。酔いが濃厚にわが脳髄を揺さぶる頃、二階のあたりから三線のやるせないつまびきが聞こえてきた。

以来この店の熱烈なファンになった」


「アルコールは人類最大の敵である　しかし、イエス・キリストも言っている　汝の敵を愛せよ、と　ニーチェ（上野英信写）」

うりずんのメニューの白い部分にこう走り書きしたのは上野英信（一九二三―八七年）である。筑豊の記録作家である上野は、移民と辻売りという近代沖縄の底辺を貫くテーマをとりあげた『眉屋私記』（海鳥社）を書くため、一年間、沖縄に滞在したことがあるが、その際うりずんへよく顔を出していた。

両切りピースの紫煙をくゆらしながら、島ラッキョウの浅漬けをつまみに泡盛をかみしめるように味わう上野英信のようすは何とシブイ男と女性客のあいだで話題になったようだ。

映画監督の大島渚（一九三二―二〇一三年）はうりずん二階の畳部屋で地元ファンと『愛のコリー

ダ』について「日本で公開はまだ早いんじゃないか」「馬鹿なことというな。遅すぎるくらいだ」などと熱い論争したこともあったという。

▽社会の底辺から支える力

うりずんには本土からさまざまな客人が訪れるが、地元の人間で「私の応接間」として使っていたのが沖縄大名誉教授で歴史学者の新崎盛暉だ。

一九三六年東京生まれだが、両親とも沖縄出身。東大文学部で日高六郎ゼミに属し、卒業後は都庁に勤務するかたわら評論家の中野好夫が主宰する沖縄資料センターの仕事を手伝った。

うりずんが開店してまもないころに沖縄大に招かれて那覇へ帰った。後に名護市長になる米軍基地建設反対派の岸本建男が土屋實幸を紹介してくれ、意気投合して店の二階が「琉球弧の住民運動を広げる会」の定例会をもつ場所になった。

沖縄大では学長を二度経験したので、公害学者の宇井純（一九三二〜二〇〇六年）を教授に招くなど異色の大学運営をした。一坪反戦地主会代表を務め、『沖縄現代史』（岩波新書）などの著書も多く、沖縄の反基地闘争の先頭にたってきた。二〇一八（平成三十）年に八十二歳で亡くなっている。

新崎は若いころにはうりずんには家族を連れてきていて、ダイニングキッチンの役割もはたしていた。島ラッキョウやドゥル天、フーイリチなどをつまみながら泡盛を楽しんだ。長男は共同通信の記者になったが酒の飲み方などの大人のマナーはうりずんで身につけたという。

こうした誰からも愛される居酒屋を経営する一方で、土屋實幸は「イチャリバチョーデー（一度出会えば兄弟も同然）」と、うりずんの仲間に呼びかけてさまざまな社会活動にも力を入れていく。

沖縄はかつて南米の国々へたくさんの移民を送りだしてきて、二十万近い県出身者とその子孫が現地で暮らしているが、その子弟が留学や出稼ぎという形で沖縄へUターンしてきている。

祖父母や両親の生まれた島とはいえ、日本語が使えない彼らのために留学生の歓迎会を開いたり、帰国費用を援助するためのパーティーを呼びかけたりしてきた。

現在ラテン音楽バンド「デイアマンテス」のボーカリストとして活躍するアルベルト城間も若いころはうりずんでアルバイトをしていた。ペルー生まれのウチナー二世で「日本語もほとんどできなかった今のぼくがあるのはうりずんのおかげ」と話している。

「平和のなかでこそ福祉は成り立つ」――。

土屋實幸は重い障害を抱えながら画家として活躍する木村浩子と知りあい、彼女が伊江島に建設した民宿「土の宿」の支援も続けた。

木村は一九三七（昭和十二）年に旧満州（中国東北部）生まれ。父親は中国で戦死し、母親は重度の脳性小児麻痺を患う木村を抱え故郷の山口県へ帰り、女手一つで働きながら懸命に育てた。

戦争末期、陸軍の憲兵から「敵（米軍）が来ると足手まといになるから親の手で殺せ」と言って青酸カリを手渡された。

母は子を連れ、岩国市近くの山中に潜んで三か月後、空にまっ黒な雲が沸きあがるのが見えると戦争は終わっていた。広島に原爆が落とされた瞬間を幼子ながら記憶していたという。

木村浩子は言語障害に加えて両手右足の自由を失っており、わずかに動く左足指で短歌、編み物、絵画に挑戦して画家として生きる道を見出した。

一九七五（昭和五十）年には山口県で自立生活訓練所と障害者と健常者が交流する民宿「土の宿」を開いた。

この後、上京してラッシュアワーの電車で降りることができず困っているとき、手を差し伸べてくれた親切な若者が沖縄出身者だった。そんな経緯から木村は沖縄に親近感をもつようになり、一九八三（昭和五十八）年に伊江島へ移り住んだ。

伊江島は戦前東洋一といわれた飛行場が建設され、日本陸軍の守備隊が配備されていたため、米軍のターゲットにされ一般住民約千五百人を含む四千七百人余が犠牲となった。

住民は斬込み隊や「集団自決」に追いこまれた。戦後も島の三分の一の面積が米軍関係に占拠されている。

木村浩子は反戦地主として名高い阿《あ》波《は》根《ごん》昌鴻《しょうこう》（一九〇一―二〇〇二年）の土地を借りて、ここに「沖縄土の宿」をつくり、平和と福祉を考える拠点にして多くの人びとと交流した。

阿波根は米軍基地増強のため、強制土地収用を迫る琉球政府や米軍に対して徹底的な非暴力路線で対峙したことから「沖縄のガンジー」と呼ばれた。

とくに土地を奪われた際には「生きるためには乞食になるしかない」というプラカードを持って沖縄各地をまわった。

「乞食をするのは恥ずかしい。しかし、われわれの土地をとりあげ、われわれに乞食をさせる米軍はもっと恥ずかしい」と書き、この乞食行進は沖縄が一丸となる島ぐるみ闘争へと拡大していった。そして、その非暴力の抵抗は今も辺野古や高江での基地建設反対運動に引きつがれている。

「障害者も健常者も貧乏人も裸の人間になれる宿にしたい」という木村浩子の訴えに共鳴したうりずんの土屋實幸は「この人の夢は明るくて大きくて、見ているだけでこっちが楽しくなる。パワーが伝わってくる」と絶賛していた。

そんな土屋の店を訪れての感想を木村はうりずん二十年誌のなかで「私たちの『と・り・で』」と題する次の一文を寄せている。

「手垢で、黒くなった木製の引き戸を開け、迎えて下さった、土屋さんの優しいひげ面の顔は、初めて店に訪れた私にとって、とても印象的だった。戦後、建てられた沖縄の建物は、ほとんどがコンクリートで造られているが『うりずん』はちがう。店全体が木造で手づくりなのだ。手足の不自由な私など、広くない店内にいつもお客が一杯のため、身体をあちこちにぶつけないと席にはつけないのである。しかし、鉄やコンクリートとちがい、痛くないから嬉しい。

……　……　……

『うりずんに行けば、佳き琉球が感じられ、琉球男子にも会える』というのが、私の友だちを誘う決まり文句である。私たちの琉球は『うりずん』が存在する限り消え去ることはない」

土屋實幸はうりずん開店十二周年に那覇市民会館で記念ジャズコンサートを開き、一晩で集めた五百万円もの収益金を木村の「土の宿」に提供する一方、伊江島へ木を植える運動にも協力してきた。

沖縄ろう学校を世界バレーボール大会に送りだすための資金を捻出するためのチャリティー野球大会を開いたこともある。

土屋實幸を軸にしてできあがったうりずん人脈はどのようなときでもこのように社会を底辺から支えていく力を発揮するのであった。

▽蟷螂《とうろう》之《の》斧《おの》

一九九七（平成九）年の暮れも押し迫った十二月二十七日の正午、沖縄県糸満市西崎のまさひろ酒造で「泡盛百年古酒元年」の発会式が執り行われ、約百三十人の酒蔵関係者が参加した。

沖縄県立芸術大学の学生たちが三線や太鼓で祝いの曲「かぎやで風」を演奏した。

「今日のうれしさは　何にたとえられるだろうか　つぼみのままだった花に　露がついて花開いたようだ」

という意味で、出席したどの顔ぶれも少し高潮していた。

式次第は進み、百年後に会員が賞味するための酒を仕込むセレモニーに移った。

陶芸家の島武己が焼いた二本の大人の背丈ほどもある大きな甕の前に立った土屋實幸は泡盛の一升

瓶から酒を甕になみなみと振り注いだ。

県内の四十七全蔵の代表者が出席しているようすを見て「夢のなかの夢がようやく実現する」と感無量の気持ちだったという。

この日に立ち上げた百年古酒プロジェクトは、会員三千人が千円の会費を出し合って三石甕（約五百四十リットル）五本、一升瓶で千五百本分の泡盛を百年の長く深い眠りにつかせた。

酒を呑めるようになるのは二〇九七年だから会員本人が賞味することはまず不可能だが、子どもや孫、知人に権利を譲渡していい仕組みになっている。

自分が呑めない古酒を長年貯蔵することの意味について土屋は次のように説明した。

「泡盛を百年熟成させるというのは、そのあいだ沖縄が平和でありつづけるということ。あの戦争がなければ自分たちだって数百年ものの古酒を呑めたのだから。古酒を造りつづけることは戦争をしないという強い意思表示の表れでもあるのです。

洋酒が全盛の時代でもウチナンチューの家の仏壇にあったのは泡盛だった。六百年もつづいた琉球王国の文化を誇りに思ったら、誰でも豊かな心になれますよ」

発会式のとき、普段着姿の土屋實幸の横でモー

まさひろ酒造で百年の眠りについた泡盛

ニングを着て挨拶をした小柄な銀髪の老人が仲村征幸だ。

「征幸さんのことは好きじゃないけど、泡盛についてホンネの話し合いができるのは彼だけだ。そんなオットウが死んだら一番悲しむのはボクさあ」

土屋が冗談交じりにこう語る仲村は一九六九（昭和四十四）年五月に「醸界飲料新聞」を創刊して琉球泡盛復権のため尽力してきた。土屋の目指す百年古酒の理念に共鳴した最大の理解者であり、支援者でもある。

仲村征幸は一九三〇（昭和五）年十一月、沖縄県北部の本部町具志堅に父新栄、母マツの間の五人姉兄の末っ子として生まれた。

本部町は先にも触れた画家の木村浩子が「土の宿」を建てた伊江島とは目と鼻の先にある。沖縄戦当時、日本軍は本部町の八重岳周辺に約三千人の部隊を配置した。

米軍との戦闘は一九四五年四月に始まって約一週間続いたが、艦砲射撃やロケット弾による激しい攻撃で日本軍は全滅に追いこまれていった。仲村一家は朝から晩まで防空壕で暮らす生活をつづけたが、幸運なことに家族から犠牲者は一人も出なかった。

「あの戦争では役場もすべてが灰燼に帰し、個人の記録は何も残らなかった。そこで戦後一年たってから役場が町民の戸籍を作り直した際、オヤジは自分の出生日を一九三一年七月二十日と届け出た。本当は前年の十一月二十九日が正しかったが。いずれにせよ、自分もよくこの年八十三歳になるまで生きながらえたもんだと感心しています」

仲村征幸が亡くなる八か月前に笑いながら語ったエピソードだが、豊かな自然には恵まれながらも集落の暮らしは貧しかったようだ。

「自分の故郷は田舎も田舎で、電化製品など何一つなく、ランプを灯す生活をしていた。唐芋を米代わりに焚いて菜っ葉のおつゆをすする毎日。泥棒がはいっても金はないので夜、家の雨戸はしめないで寝ていた」

仲村は小学校三年のころから日本軍が分教場に駐屯して、キビキビした訓練をしていたため「兵隊さんはエライ」と素朴に思うようになり、軍国少年として育っていく。

仲村征幸と泡盛の出会いは小学校の低学年時で、父親に雑貨屋へ椰子の実で作った徳利を持って酒の買い出しに行かされた際、泡盛のいい香りをかぎながら家へ帰るのを楽しみにしていたという。

買い出しは一年のうちでも正月や盆のときくらいしかなく、持ち帰る酒の量もわずか五酌程度だったが、それを呑んで酔っ払った父親は愛用の三線を弾きながら歌ってご機嫌だった。

そんなとき、母親は「グサークジャキヌリ　ニンゴーウイヒチ」と言って父親をからかっていた。たった五酌の酒を呑んで二合酔いしてしまうなんて、という意味だ。

貧農だった父親は亡くなるまで、「征幸、酒は程度だよ」と戒めていたが、息子はその教訓に背く生き方をしていく。

戦争が終わってから本部の集落でもタリジャキ（密造酒）造りが盛んになった。仲村征幸は十四歳になっていたが、母親が庭先につくった泡盛の簡易蒸留器でポタポタと垂れる新酒を茶碗に受けたものを呑んで陶然とした気分になった。

仲村征幸（2013年7月）

近所の遊び仲間と各家庭で造った自家製酒をもち寄っては味くらべをするまでになっていた。

「イースト菌やサトウキビの絞り汁で造った酒は辛くて、うまいはずもなかったが、それでも貧乏人が呑めるのはあのころ泡盛しかなかった。自分も大人になって金を持っていれば洋酒の世界に魅かれ、親しんだかもしれない」

仲村はそんな調子で地元の県立名護高校に進んだころには寄宿舎暮らしをいいことにいっぱしの泡盛通になっていた。そのころの泡盛は匂いもきつかったため、ソーダ水やコーラで割って呑みやすくしてから口に入れるのが一般的だった。

名護高校を卒業してからは那覇港で出入りするトラックの物資の数をチェックする仕事をしていたが、泡盛の甘味飲料割りには飽き飽きしていてある宵、行きつけのおでん屋で先輩から大人の泡盛の呑み方を教わった。

それは泡盛を注いだ一合のコップにキュウリの輪切りを二枚入れて五分くらい手のひらでフタしてから呑むと、臭みがきれいになくなるというものだった。

「だけど、匂いがとれた分、味も少し淡泊になったような気がした。自分は原料臭が少々して、味が濃厚でないと泡盛を呑んだ気分にはなれないのですよ」

仲村征幸はその後縁があって「沖縄ヘラルド」へはいり、これを皮切りに「沖縄朝日新聞」、「琉球新報」、「沖縄グラフ」という戦後ジャーナリズムの一線に身を置き、「アメリカ世《ゆー》」と呼ばれた米軍統治下の沖縄と向きあいながらも、自身の取材テーマを温めつづけたのである。

那覇市民の台所・農連市場からガーブ川沿いに沖映前まで裸電球の屋台がずらーっと並んでいて、仲村はコップ一合五セントの島酒を二、三人の仲間と朝まで呑むのを楽しみにしていた。

ふだんは給料を前借りして呑み屋に出かけていたが、たまに懐が豊かになったときには桜坂あたりのバーへ行って泡盛を注文するとホステスやマスターに「そんな恥ずかしい酒うちの店にはありません」、「店の品格を下げるので置くわけにはいかない」といやな顔をされるのが常だったという。

このころ、沖縄県人は誰もかれもがウイスキーにあこがれ、泡盛には見向きもしなかった。ただ、ウイスキー党ではあっても、カネのあるなしで呑むウイスキーのランクで人間を差別した。

「これに対し、わが泡盛党では人間に上下の差別はなかった。呑み屋の止まり木で同じ無色透明の液体を飲む人間がとなりあって座るとき、初めての出会いであっても百年の知己のように親しくなった」

仲村征幸はつづける。

「輸入ウイスキーが全盛で泡盛会社の社長すら自分の蔵の酒を呑まない時代に泡盛が売れるはずがない。どん底状態の泡盛を何とか盛り立てたい」と考えるようになり、沖縄が本土復帰する前に「醸界飲料新聞」を立ち上げた。

泡盛業界をめぐる話題や将来への提言、酒や居酒屋の紹介などをタブロイド判四ページに収めて、年に数回約五千部を発行した。取材や記事の執筆、広告営業、販売とすべてを仲村一人でこなし、離島にまで自ら新聞を運んで行った。

本来なら「泡盛新聞」と名づけたかったが、業界の反発が強かったため、創刊時点の題字は「醸界ニュース」と抽象的な名前にせざるを得なかった。全文草色の活字で刷ったところ、「目が痛くて読めない」と評判もよくなかった。

泡盛の原料はコメだから青々とした稲のイメージを伝えるため活字をグリーンにしたのだが、草色のインクには黄色が混ざるためそれが目を刺激したからだった。

洋酒全盛の時代に広告を集めるのも大変で、

「広告を出してもお前さんの新聞じゃ誰も読まんから効果はないだろうがと毒づかれた。醸界飲料は三か月もつまい、と陰口をたたかれたもんです。泡盛を造っている連中には自分たち業界の新聞という意識がまるでなかった。

十年間がんばって、ようやく印刷代を払えるようになり、家族にメシを食わせることができるようになった。世間並みに冷蔵庫も買えるようになったが、なかに入れるものが何もないという貧乏暮らしに変わりはなかった」

と仲村は生活の苦しさを自虐的ユーモアも交えて話す。

泡盛がどん底の時代に産声を上げた「醸界飲料新聞」だが、その後沖縄海洋博、沖縄サミットなどの国家イベントの開催や二〇〇一年に放映されたＮＨＫの朝の連続ドラマ「ちゅらさん」の影響で島酒は大きく注目され、二〇〇四（平成十六）年には泡盛の生産がピークを迎えるまでになっていく。

その後泡盛は再び低迷期にはいって行くが、仲村征幸はこの新聞を通じて「小異を捨てて大同団結しないと、本土の酒には対抗できない」として古酒による県外展開などの積極策をとるよう訴えつづけた。

那覇市大道の平屋建て民家、つづいて西原町に移転してからも仲村は玄関に醸界飲料新聞の大きな木の看板を掲げ、なかで一人鉛筆をなめながら編集作業に没頭した。

こうして泡盛復権の闘いを続ける仲村征幸やうりずんの土屋實幸と同志的つながりをもっていたのが、首里物産の宇根底講順だ。

石垣島の宮良で農業をしていたが、沖縄本島に渡り、洋酒のサントリーや瑞穂酒造で営業を学んだ。

「地酒は、そこに人がいて、生活があれば、どこの国においても滅びることはない」

「六百年の歴史と伝統を誇る泡盛が肩身の狭いところに追いやられているのはおかしい。洋酒に対抗するには古酒で勝負すべきだ」

こう考えた宇根底は、本土復帰の一九七二（昭和四十七）年に首里の龍潭池畔の小さなビルで泡盛卸売販売の首里物産を創業した。

土屋實幸がうりずんを開業した時期と同じで、二人はたちまち意気投合し、宇根底は毎晩のようにうりずんに酒を持っていき、客も紹介して土屋の店を盛り立てた。

宇根底のセールス手法は「小売店を一軒ずつ回っても反応が少ない」として、まず地元のデパートまわりからはじめ、泡盛の一般酒を四、五本持って酒売り場の責任者を訪ね、隅においてくれるようたのんだ。

洋酒が売れている店では難色を示されたが、「沖縄思いのあなたがそこまでいうのであれば二、三本は飾っておきましょうか」というデパートも出てきて、やがてケース単位で引き受けてくれる所も。

ついで観光客の集まる空港、土産物売り場に目をつけ、海洋博が開かれた一九七五（昭和五十）年に泡盛は飛ぶように売れるまでになった。

こうした経験をくり返すうち、「本土の焼酎と互角に戦うためには泡盛は古酒を持っていかなければならない」と考えるようになり、泡盛の全銘柄を本土へ出荷するまでになる。

宇根底は売れ残った泡盛を自宅の床下で大量に保管するうち自然と古酒ができていった。

「一升瓶を保存する場合には暗いところで温度が一定でなくてもいい。少し太陽が当たっても問題はない。暑いところを好んで育つのは黒麹なのだから」が口ぐせだったという。

東京・池袋の西武百貨店で二〇〇七（平成十九）年に沖縄の大物産展が開かれたことがある。宇根底がオリオンビールと泡盛の全銘柄を並べた会場に取材に出かけた仲村征幸はその場面を見て感無量の気持ちに浸ったという。

「宇根底さんも自分と同様に泡盛なんかで商売が成り立つはずはない、三か月ももてばいいほうだとさんざん言われていたのに。すべての銘柄の泡盛をヤマトへ移出するとは快挙以外の何物でもなかった」とふり返る。

宇根底講順の経営哲学が面白いのは現在伸びているメーカーの酒は売らないという方針だ。むしろ停滞気味のメーカーの売り上げに協力し、泡盛全体の底上げと活性化につなげたいという発想である。

▽二代目征幸あずかり

そんな宇根底講順が沖縄で一番最後に目をつけて売りだしたのが、本部町は八重岳の麓にある山川酒造の古酒だった。

南米ペルー移民帰りの山川宗道が一九四六（昭和二十一）年に創業した目立たない蔵だったが、本部町といえば土屋實幸や仲村征幸の育った町でもある。

山川酒造は現在一九五一（昭和二十六）年生まれの三代目山川宗克が会長職を、四代目宗邦が社長を務める。宗克の父親二代目宗秀は終戦時に小学校の教師もしていて、教え子の一人が仲村征幸だったという。

「どんな苦しいときでも古酒《クース》を寝かせておくように。いずれクースの時代が来るにちがいないから」

創業者の言いつたえを心のよりどころにした酒蔵一家は、一九六七（昭和四十二）年以来六十個ある甕を使って古酒を熟成させ、酒が売れないときは養豚業を営みながら酒を造りつづけた。

そして、半世紀以上寝かせた「限定秘蔵古酒かねやま」を二〇一七（平成二十九）年十二月に世へ出すに至った。

カカオやバニラの甘い香りがする酒で、七百二十ミリリットル入り一本が五十万円という破格の値段は話題を呼んだが、山川酒造は琉球王朝以来の仕次ぎを本格的に実践する酒蔵としても注目され、「古酒のやまかわ」の名前が定着している。沖縄が本土に復帰して半世紀になる二〇二二（令和四）年四月には、「50年古酒かねやま」を限定五十本販売して話題になった。

その一方で、地元の八重桜にちなんだ桜酵母で仕込んだ「さくらいちばん」という香り高い酒を造り、泡盛ファンに喜ばれている。

山川酒造は泡盛造りに使うタイ米について砕米ではなく品質の良い丸米を使っていて、コストは高くつくが、砕米に比べ段ちがいにまろやかで甘い泡盛ができあがるという。

丸米は砕米に比べ表面積が少ないので、浸漬時間が長かったり、黒麹菌がつきにくく仕込みの手間もかかるが、よい酒を造るためには欠かせないという。

「百年ものの古酒を造りたい。沖縄戦の前にあった二、三百年ものも再び。そのためには何よりも平和な世の中を実現しなければ」。山川宗克の願いは古酒の番人と呼ばれた土屋實幸の志とも重なるものであった。

仲村征幸にとっても恩師が古酒を育てる山川酒造は、故郷のゆりかごのような居心地の良い存在だったのだろう。酒蔵によく顔を出していたという。

仲村征幸のこうした泡盛に対する真剣な姿勢に引かれ「醸界飲料新聞」の編集や販売を手伝った仲村ファンも何人かいたのである。

その一方で、仲村の後継者に名指しされながらも、「毀誉褒貶の激しい性格にはついていけない」として袂を分かった者も。

琉球新報に長年勤めた池間一武は仲村征幸の生きざまに共鳴した数少ない一人である。一九四八（昭和二十三）年、宮古島生まれ。琉球大卒業後、琉球新報に入り社会部記者として活躍した後、中部支社長まで務めた。定年退職後、平和ガイドとして沖縄戦の戦跡へ観光客を案内する。

一九九一（平成三）年に起きた湾岸戦争の負担金をねん出するため日本政府が導入したたばこ税に抗議して喫煙生活をやめた。そして一日のたばこ代千円を泡盛に投入する泡盛コレクターに転身した。

池間は自著『君知るや名酒あわもり　泡盛散策』（琉球プロジェクト）のなかで、仲村のところへ「当世沖縄事情」の取材に訪れた際の印象について次のように記している。

「私は飲むのは好きだが、泡盛にかんしては素人だった。そのため取材をいやがる専門家や初歩的な取材に露骨にいやな顔をする人にも出会った。しかし、仲村は心から泡盛を愛する人であった。話し方もゆっくりである。私の取材ノートの字もゆったりしている。落ちついてメモしている証拠である」

このとき、仲村は東大名誉教授・坂口謹一郎博士の名文「君知るや名酒泡盛」が載った『世界』一九七〇年三月号を池間に見せながら「これには勇気づけられた。私の歩んでいる道はまちがいない、と感激した」と話したそうだ。

池間一武は仲村が醸界飲料新聞のコラム「酔眼」で、新聞発行を手伝っていた次女を三十代の若さで失ったときの悲しみに触れた一文を読んだときは涙が止まらなかったという。

沖縄で就航間もないYS11機に乗って一九七三（昭和四十八）年に与那国島へ初めて出張したときのみやげを十一歳の少女に約束しながら、父親が持ち帰ったのは「どなん」など珍しい泡盛六本だけで、次女の期待に応えることができなかったという内容だ。

晩年になっても、経済的には豊かになれず家族を十二分に顧みることもできないまま新聞を発行し続ける仲村の下で池間は二年間、編集作業を手伝った。

「泡盛業界の将来を考えて一生懸命やっている征幸さんを理解しようとせず、煙たがっているメーカーもあった。酒屋を訪ねるときにはアポはとらずいきなり、押しかけるのが常道だった。連絡したら、相手は逃げるに決まっているからだった」と池間はふり返る。

仲村は池間が醸界飲料新聞に記事を書いたときには必ず原稿料を支払おうとした。どうしても用立てできないときには、「これは一杯何万円もする高価な酒だからね」と言って秘蔵の古酒を呑ませようとした。

どんな状況でも筋をきちっと通す仲村の姿勢に、新聞人として後輩である池間一武は好感と敬意をもっていたようだ。

同じころ、醸界飲料新聞に出入りしていて仲村征幸が二〇一五（平成二十七）年一月九日に肝臓がんにより八十三歳で亡くなるまで最後の門下生を務めたのは、内閣府沖縄総合事務局で技官を務める河口哲也だ。

一九七〇（昭和四十五）年、福岡県久留米市生まれ。東京農工大農学部を卒業後に食品メーカーで勤務した後、塾の講師やアジア巡りのバックパッカーなどをしてから国家公務員になった。

那覇へ来て沖縄食糧事務所で輸入米の検査などに当たるうち泡盛の世界へ引きこまれて行った。とりわけ、沖縄の伝統文化である泡盛を守るためには業界から煙たがられても一歩も引かない仲村征幸の強烈な生き方にほれこんだという。

「沖縄醸界飲料新聞・二代目仲村征幸預かり」という気合のはいった名刺を持つユニークな人物だ。

河口哲也は「どうか見習いにしてください」と仲村の自宅に押しかけ、新聞の編集を手伝うかたわら下足番を買って出た。スーパーへ格安の梅干しを買いに行かされたり、師匠の口に合うソーミン・チャンプル用の麺を探すなど日常の細々とした雑用もこなすうち気に入られていく。

仲村征幸は亡くなる十日前の二〇一四年の大みそかに河口を自宅に呼び「貴殿と与那国、波照間、宮古……の各離島の酒造所へ出かけこの四十年でどう変わったのか、いろいろ考えたかった。しかし、時代は大きく変わった。貴殿の言っていたインターネット新聞もやりなさい」と絞りだすような声で遺言を伝えたという。

河口哲也は仲村死去後、師匠の生きざまについて自問自答した。

「十人に仲村征幸を好きか、きらいか？　と問えば、おそらく九人は苦手だという」

「十人に彼はまちがっているか？　と問えば、おそらく九人はまちがってはいないという」

「思うに、泡盛のためなら権謀術数も、せこい手も使ってきたと思われるので、自分も含め一杯食わされた関係者は大勢いるのでないか」

「ただ、それが私利私欲ではなく、純粋に泡盛のために行われているため、関係者（特に酒造所）は苦々しくも支えつづけなければならなかったのだと思う」

クースのご意見番の本質を知る河口哲也が作った問答は相当辛口だが、その河口に仲村が息を引きとる前に自分の生涯で自慢できることが二つあると語った、という。

泡盛に対する偏見が強いとき、泡盛同好会を組織し、泡盛の女王というキャンペーンガールを誕生させた実績だ。女王は毎年選出され、二〇二二（令和四）年が第三十六代を数えた。

▽島酒復権は燎原の炎

「沖縄の経済発展はコップ一杯の泡盛から」を合言葉に、泡盛同好会は仲村征幸が自ら事務局長を務める形で一九七四（昭和四十九）年十一月に発足した。

会長はスケールの大きな発想とユニークな言動で知られ、「ピンさん」の愛称で親しまれた実業家の高良一。副会長は泡盛コレクターの座間味宗徳と久米島新聞を発行していた平田清という布陣だ。

高良は一九〇七（明治四十）年生まれ。若いころから泡盛を愛飲していて、醸界飲料新聞の一九七二年一月三十日号に「古酒瑞穂をたたえる」という一文を寄せているが、「米の油だから栄養価も高く、なかでもクース（古酒）は世界一よい酒だと思う。ナポレオンより瑞穂の古酒はよいと思う」と書くほどのクース好きでもあった。

仲村征幸より一歳年上の座間味は一九二九（昭和四）年十二月、久志村（現名護市）生まれ。沖縄戦の前年に沖縄工業高校の建築科に入学したが、「授業の三分の二は勤労奉仕の土木作業で、小禄飛行場の整備もやらされた。学友の半数が戦死した」と戦時中の体験を話す。

戦後は紙文具の卸会社に勤め、泡盛の収集を始めたのは一九六〇（昭和三十五）年ごろからで、結婚式で出された引き出物の一合瓶を持ち帰ったのがきっかけという。

以後、県内各地を訪ね歩き、スーパーで売る千円以下の一升瓶だけを買い集め、寝かせてきた。

「六十年物の古酒が手元にあるわけだけど、自分にとってクースは比較する酒なのではなくて個性を楽しむもの。人間が年とれば磨かれるように泡盛も古酒が一番。自分はコレクターだから仕次ぎなどはしない」

こう話す座間味はこれまでに集めた約一千本の泡盛を糸満市西崎のまさひろ酒造ギャラリーに展示しており、廃業した酒造所の銘柄や珍しい名前の酒もある。

二〇〇五（平成十七）年には『泡盛収集四十余年　異風・奇才・天才』を自費出版した。一九六三年から四十年余にわたってつづった新聞記事などを収録した貴重な資料で関係者のあいだで読みつがれている。

仲村征幸の無二の親友だった平田清は久米島出身で、五十代で早逝しているが、古武士の風格を漂わせていたといい、〝桜坂男〟と自他ともに任じるほど桜坂社交街を飲み歩いていた。

醸界飲料新聞と久米島新聞が泡盛復権に果たした役割は大きいと伝えられている。

泡盛同好会の結成は、マイナーな立場の泡盛をウチナンチューがひと声運動を起こして日本全国はおろか世界中の人びとにもふり向かせていこうというのが一番の目的だった。

ついで、泡盛メーカーに対してもっと品質のいい酒を造って消費者に提供させる。そして愛飲者自身の飲酒マナー向上を目指すことだった。

会則は「本会員は、老若男女、思想宗教、国籍すべてを問わず」と定め、泡盛に関心のある者はだれでも入会できることとした。

初例会は国際通りにあった県経済連の民芸センター二階の琉球料理店で開かれ約九十人が参加した。第二回、第三回の例会は琉球商工会議所の二階ホールで料理も酒も自分たちで持ちこんで開いた。回を追うごとに参加者も増え盛会となっていく。

「ところが宴が始まると参加者は四、五人ずつ床で車座になって酒を呑み、飲酒のマナーは今一つだった。国会議事堂の赤じゅうたんではないが、会員たちに一流ホテルのじゅうたんを踏ませて意識改革を図ったらどうか」

こう考えた仲村征幸はオープンしたばかりのホテル西武オリオンと交渉して、会員たちをひのき舞台でデビューさせることになった。

その際、ホテル側に「生豆腐、ミミガーさしみ、クーブイリチャー、揚げ豆腐を切って出すように」と注文をつけ、誇り高き料理長を唖然とさせたという爆笑のエピソードまで残っている。

こんな調子で県都那覇市での泡盛同好会発足から二年後に石垣で八重山泡盛同好会が発足し、浦添、宜野湾、糸満、コザ、名護と県内各地に支部が誕生していった。

島酒復権の流れは燎原の炎のように広がりを見せていき、これまで呑み屋の片隅で身を隠すようにして泡盛を呑んでいた人びとが、堂々とカミングアウトして胸を張って店主に泡盛を要求するようになっていく。

沖縄泡盛同好会が発足して四十年の記念誌に載った座談会にヘリオス酒造社長の松田亮が出席して泡盛の魅力について次のように発言している。

「ウイスキーや他の酒にはアジクーターはない。香りがいいとか、すっきり飲みやすいというのはある。アジクーターというのは泡盛独特の世界ではないか。クース（古酒）の場合、まったり感がある。

昔はクースをカラカラから注ぐとトロッと出る。大学の近くの店で飲んだときの体験です。注いだときにトロッと出る。四十年たって未だに不思議な飲み物と思った」

アジクーターは沖縄の言葉で、とても味わい深いという意味である。

松田亮が営むヘリオス酒造の「くら」という泡盛はコザ市内の飲食店で大人気になり、輸入ウイスキーは呑まれなくなったということで、コザに泡盛同好会を置く必要はないとして解散することになっていったそうだ。

そんな魅力的な酒を伝える泡盛同好会は北海道から東京、大阪、沖縄まで全国二十七都道府県に三十二の支部が結成されている。

沖縄県外でその趣旨に強く賛同し、熱心な活動を続けてきたのが神奈川県横須賀市追浜で地酒・伝統食品を専門に扱う「掛田酒店」店主の掛田勝朗だ。

泡盛の紹介に長年尽力してきた掛田勝朗と娘の薫

一九四〇（昭和十五）年生まれの掛田は、軍港の町ヨコスカで酒屋の二代目。全国で初めて蔵の酒を全量純米酒に切り替えた埼玉県蓮田市の神亀酒造が国税当局と闘ったとき全面的に支えたこともある。気骨のある酒販店主として知られ、地方からも酒を買い求めに来る掛田ファンがいるほどだ。

そんな掛田が妻慶子と一緒に沖縄を歩くようになるのは本土への復帰後まもなくしてからだった。焼き物などの民芸運動に魅かれたのがきっかけで、離島も含めすべての蒸留所を訪ねた。

自らの味覚でその蔵の泡盛を吟味し、蔵人の酒造りの姿勢も観察したうえで、気にいった酒をとり寄せ店内に並べている。

「沖縄ではきれいな海岸の砂浜に今も遺骨が何体も眠っている。戦争が終わったとはいえないのです。なのになぜまた辺野古に新たな基地をつくろうとするのか」

生半可な気持ちで沖縄に近づいてはいけないと考える掛田勝朗は、店の倉庫では古酒を甕に入れて何年も熟成させ、屋根には沖縄の守り神のシーサーを鎮座させるほどの凝りようだ。

「泡盛は沖縄が世界に誇れる宝。だけどメーカーは酒を売ることばかり考え、歴史と文化を伝える努力をしてこなかった。これはメーカーと消費者のあいだに立つ酒販店の側にも責任があったのです」

こう考える掛田は二〇〇〇（平成十二）年二月に、琉球泡盛を通して沖縄の歴史と文化を次の世代に伝える横浜泡盛文化の会を立ち上げた。仲村征幸と春雨を醸造する宮里酒造所の三代目宮里徹にも特別相談役としてメンバーに加わってもらった。

その理由について掛田は「酒の味、造り方、蔵元の人間性とすべてを長年みてきた結果、私は琉球泡盛の将来を宮里徹君にかけようと思った」と打ち明ける。

春雨はその後、新しいタイプの泡盛として関係方面から注目されるようになり、泡盛の歴史を変えていくことになるのだが、女優の池波志乃が『泡盛同好会四十周年記念誌』に寄せたエッセイを次に紹介する。

「東京と沖縄のマンションを行ったり来たりの生活は、もう十二年を超えた。せっかく沖縄に住むのに、なぜ那覇市内なのか？　とよく聞かれるが、私たち夫婦（筆者注・夫は俳優の中尾彬）にとっての沖縄の魅力は景色や作られた施設ではなく、『人』『食』『文化』そしてそれらを繋ぐ『泡盛』だ。

私が初めて『うりずん』へ行ったのはまだ沖縄ブームと騒がれる前だった。この時の記憶は私の中で映画のひとコマのように断片的に、けれど強烈に焼き付いている……。常連とおぼしき人々は知的で一癖ありそうな紳士たち。居酒屋特有の喧騒はなく静かで凛とした空気が漂う店内。カウンターの向こうに柔らかな笑顔で立つ土屋氏。

焼酎と泡盛の違いもよく分からない私の前に、丁寧な説明と共に出されたカラカラには古酒が注がれ、小さな猪口が置かれている。隣の紳士の真似をして楊枝の先のほんのひとかけらの豆腐ようを舌にのせる私。味覚を呼び覚ますような軽い刺激とともに芳香が口中に優しく広がり、古酒を口に含むと甘味が複雑に絡み合い、余韻を残してすーっと喉に落ちてゆく。私は『泡盛』に魅せられた……。

それから十四年後、『うりずん』は明るい笑い声と三線の音に包まれていた。もちろん喧噪ではない。泡盛を愛する紳士たちは大きな包容力で旅人も分け隔てなく幸せにする。『やあ、また会ったね』と声をかけて下さったのは、十四年ぶりの隣の紳士、仲村征幸氏。

私達夫婦は、名前を挙げたらきりがないほどたくさんの泡盛を愛する『人』に魅せられている」

古酒の番人として多くの人に慕われ、琉球泡盛復活に身を捧げてきた「うりずん」店主土屋實幸は、二〇一五（平成二十七）年三月二十四日に七十三年の生涯を閉じた。

那覇市の隣にある浦添市で開かれた葬儀の場には百を越える花輪が並び、本土からも含め千二百人もの弔問客が焼香に訪れた。

土屋は晩年、前立腺がんを患ってから酒を控えるようにしており、店ではいつも白湯を呑みながらニコニコして酔客の相手をしていた。

「土屋さんは人の話を聞くのが上手だったので、一度彼に会った客は皆ファンになってしまう」とうりずん開店の当初から店の手伝いをしていた元那覇市議で盟友の知念ひろしは語る。

百年古酒運動をいっしょに始めた仲村征幸は土屋より二カ月半早く天上の人となっていた。この二人と一九九〇年代前半から深いつきあいがあった吉村喜彦は二〇〇二年に週刊朝日で「古酒ルネサンス」の連載をして話題を呼んだ。

吉村はサントリー宣伝部を経て作家になり、泡盛マイスター第一号になったことも。新作『炭酸ボーイ』の舞台も宮古島というように、沖縄とのつきあいは長年というより一生続く。

「仲村さんと土屋さんは失礼ながらタイプのちがう古酒と表現できる。征幸ヤッチー（兄貴）は古武士のような骨のしっかり座った酒。土屋さんはアカバナー（ハイビスカス）のような、華やぎのあるやさしい酒とでも表現しましょうか」

そんな二人が帰らぬ人となり、琉球泡盛の世界も一つの転機を迎えたといっていいのかもしれない。

第四章　竜宮通りの赤提灯

▽威風堂々の酒房

沖縄で観光客が最も集まるメインストリートは、土産物屋や飲食店、ホテルが立ち並ぶ、「国際通り」の名前で知られる国道39号線の一帯である。

戦前は雑草が生い茂る平原の一本道で、沼地や墓地もあって追いはぎが出るほど寂しい地域だったという。大正時代に那覇港に近い東町や西本町にあった県庁や警察署が現在の泉崎へ移るのにともない、那覇と首里を結ぶ「新県道」ができあがり幹線道路となった。

それも一九四四（昭和十九）年十月十日の米軍による五次にわたる大空襲で那覇市内の九割が焼けだされた。住民は当初、爆音を聞いても「友軍」の演習くらいにしか受けとめていなかった。

しかし、県内初の鉄筋コンクリート建造物と讃えられた市役所が炎を上げて焼けおちるのを見て「日本は神の国と教わったが、神は本当にいるのだろうか」と市民はため息をついたという。

首里が城下町として歴史と伝統を重んじたのに比べ、那覇は新しいものを柔軟に受けいれる流行の先進地で、百貨店や映画館、カフェ、蓄音機店などが立ちならび、買い物客でいつもにぎわっていた。

それが突然の大空襲でインフラもすべて破壊されたため、五万五千人いた市民も地方へ避難し、那覇は文字どおりゴーストタウン状態になった。

しかし、この大空襲は米軍の沖縄侵攻の序曲といってよく、翌一九四五年三月、慶良間諸島へ上陸を開始すると、本島の全土が焦土と化していったことはこれまでみてきたとおりである。

琉球王国の象徴・首里城まで焼けおち、米軍占領下の沖縄に最初の立ちいりが許されたのは一九四五（昭和二十）年十一月で、壺屋焼きの職人城間康昌ら約二百四十人が二陣に分かれて先遣隊として帰ってきた。

皆テントで生活しながら、暮らしに必要な食器類と屋根瓦の製造、家を失った人のための規格住宅をつくる作業に没頭した。翌年一月には職人たちの家族も帰り、壺屋に九百人余りの小集落ができていった。那覇で最初に開校した壺屋小学校では青空教室もできて、子どもたちの歓声が響き渡った。

そして、地元の人間が戻ってくるようになると、新県道は整備されて「牧志街道」と呼ばれるよう

国際通り、コロナ禍で観光客も減った

になった。将来に備えて道路幅を広くしようという計画もあったが、沿道住民の反対にあい、現在の狭い上下片側一車線に決まり、慢性的な交通渋滞を引き起こしていく。

一九四八（昭和二十三）年一月、その街道沿いに「アニー・パイル国際劇場」が誕生した。沖縄では戦後初の映画館で、『ターザンの黄金』などの洋画を上映し、娯楽と文化に飢えていた人々で連日大変なにぎわいだった。

この劇場をつくったのが実業家の高良一で、戦争で打ちひしがれたウチナンチューに勇気と希望を与えるため、統治していた米軍と粘りづよい交渉をつづけ、その夢を実現させた。

高良は大言壮語することから周囲には「ほら吹きピン」「ラッパ吹き」と揶揄もされたが、奇抜なアイデアと行動力には誰も対抗できなかった。

仲村征幸が一九七四（昭和四十九）年に「泡盛同好会」をつくったときに初代会長を高良一にひき受けてもらったのも、大変な泡盛好きで、たぐいまれなる行動力に期待をかけてのことだったのだろう。

ちなみに劇場名に使ったアニー・パイルは一九〇〇年、米インディアナ州生まれ。ピューリッツァ賞を受賞した米国の著名ジャーナリストで、沖縄戦で第七十七歩兵師団に従軍して一九四四年四月、伊江島で日本軍の銃撃に遭い命を落としたという悲劇の英雄だ。

戦後、日本を占領下においた連合国軍総司令部（ＧＨＱ）が東京宝塚劇場を接収した際、米側の強い要望により「アニー・パイル劇場」と名づけられた。

沖縄でもそのアニーにちなんで牧志街道を国際通りと呼んだが、那覇の異例の復興の早さに驚いた米国人記者が「奇跡の一マイル」と呼んだことから、その名が今も語り伝えられている。

一マイルの意味は安里三叉路から県庁北口交差点にかけてのわずか一・六キロの区間をさす。

そのアニー・パイル劇場ができて七年後の一九五五（昭和三十）年三月に国際通りぞいの牧志交番から竜宮通りを少しなかへはいった路地の左側に「小桜」という割烹が産声を上げた。

独特の木製格子窓が見事な居酒屋

奄美は徳之島出身の中山重則、フミエ夫婦が始めた店で、那覇で一、二を競う古い歴史をもつ料理屋だ。小桜の由来は二人の娘加代子の日本舞踊の師匠が「小桜」という名前だったから名づけたという。

木製格子戸窓の二階建てと入り口の赤提灯が、令和の今でも古きよき沖縄の情緒を感じさせ、知る人ぞ知る銘店と語られている。

主人の中山は貨物船の機関長として大阪と東南アジアを行き来していたが、那覇に寄港したとき、親戚から「店の経理をみてくれないか」と声をかけられ、沖縄に定住することになった。

小桜が開店した一九五五（昭和三十）年は日本本土では吉田茂の後を受けた鳩山一郎内閣が発足し、左右社会党の統一につづき、保守合同により自由民主党が結成された。

いわゆる五十五年体制が誕生した年で、米軍支配下にあった沖縄では「銃剣とブルドーザー」を使った土地の強制収用が相次ぎ、翌一九五六年には島ぐるみ闘争に発展していく。「米軍への抵抗のシンボル」と呼ばれた瀬長亀次郎が那覇市長に当選する、そんな激動の時代の話である。

「当時沖縄は戦後復興のインフラ整備で本土からの人たちであふれ返り、うちも繁盛する店の一つになった。寿司に天ぷら、焼き物、〆は鍋焼きうどんと和食専門の板前を二人雇っていた。電気、水、ガスも十分整備されてないころで、七輪を使ってすし飯を炊いたこともあると聞いています」と語るのは中山重則の長男で小桜二代目主人の孝一だ。

竜宮通りは当時沖縄で一番の飲み屋街「桜坂」へ行く前に人びとが食事に立ち寄る場所で、小桜の二階にある小さな座敷では琉球政府の役人や政治家、企業の重役たちが秘密会合の場として利用していた。

このため、牧志交番の近くにはこうした恰幅のいい人物が使う黒塗りの大きなハイヤーが何台も停まっていたという。

当時、小桜の前の通りに名前はなかったが、若い女性が経営する店が増え、ホステスでにぎわうので乙姫さんがたくさんいるという理由で「竜宮通り」と名づけられた。正式名称は「竜宮通り社交街」と書いた看板が今でも掲げられている。

「このころ、わけありの女性たちにとって手っとり早い仕事といえば呑み屋稼業だった。経験はなくても女は度胸でやりこなす。競争がないから店を出せば客は来る来る。手伝いが足りなければ離島出身の中学出の女の子をいくらでも使えた、今では許されないような、そんな時代だったのです」と中山孝一は回想する。

クリスマスのときにはジングルベルが流れ、クラッカーをパンパンと鳴らしにぎやかで、それこそ通りを前へ進むこともできないほどの混みようだった。道を埋めつくすホステスたちのフワフワしたスカートが道を舞うチョウのように見えたとも語り伝えられている。

小桜が開店した一九五五（昭和三十）年から沖縄の本土復帰の一九七二（昭和四十七）年までは世の中すべてがドル支配の時代で、飲食料金はほとんどが掛け払い、つまり給料払いだった。

琉球政府、那覇市役所、電電公社、郵便局……どこのお客さんも事情は同じで、給料日に沖縄天ぷらを土産に持ってツケの集金に行くのが竜宮街のママさんたちの毎月の習いとなっていたが、小桜では今でももらいそこなったドルの請求書が二階のどこかに眠っているという。

中山孝一は一九五二（昭和二十七）年九月に兵庫県尼崎市で生まれ、杭瀬という庶民的な町の長屋で五歳まで育った。

「大人たちが互いに助けあい、励ましあってたくましく生きている。そんな運命共同体的な長屋暮らしが子ども心ながらキラキラとしているように見えて好きだった」という。

父重則が船に乗って家を空けているあいだは母フミエ、姉加代子と貧しくともそんな慎ましやかな暮らしをしていたが、孝一が五歳のときに沖縄へ移り住むことになり一家の生活は大きく変わっていくことになる。

当時沖縄は米国統治下にあり渡航手続きも手間がかかり、神戸港と那覇港のあいだを浮島丸や沖縄丸という三千トンクラスの大型船で何度も行き来していた。

そして一家が落ち着いた先が小桜の奥の三畳間の小上がりで、カウンターのすぐ横だったため、孝一は夜になると酔っぱらいの声を子守歌にして眠った。

ときにうるさすぎて眠れず、ワーッと大きな声で泣きだすと女店員が「孝ちゃん、おとなしく寝ないと交番から怖いお巡りさんが来るよ」と脅かされて育ったという。

そして店の前に巨大な壁のようにして立つ、沖縄で一番大きな洋画館「グランドオリオン」で、チャールトン・ヘストンの『ベン・ハー』やヘストンとユル・ブリンナーが共演した『十戒』を観たりして大きくなった。

グランドオリオンは小桜が開店した一九五五（昭和三十）年の十二月に誕生し、二〇〇二（平成十四）年に閉館した本格的な七十ミリ上映館だった。封切り作品を上映すると同時に、本土の映画スターのお披露目会場でもあって、中山は美空ひばりとベンチャーズの生のショーを見たというのが子どものころの自慢になっている。

その中山孝一の小さいときの思い出に、グランドオリオンの踊り場から米兵がコインを路上にばらまき、子どもたちが「ギブ・ミー」と歓声を上げて拾いに走りまわった光景がある。

投げ落とす金額が大きくなるほど、子どもたちの喜びの声も感極まって高くなっていく。その一部始終を小桜の扉に隠れるようにして見ていた中山はどうしてもその群れに加わることができなかったという。

そうした時流から一歩身を置く姿勢が小桜という地味な赤提灯を半世紀をはるかに超える長い年月続けていく原動力になっているのかもしれない。

中山は家からバスで二十分のところにある県立の小禄高校に通い、卒業後は大阪の工学系の大学へ進み、エンジニアリングの会社へ就職したが二十七歳でUターンした。

しかし、沖縄ではなかなか就職が決まらず、悩んだ挙句に調理師免許を取得して家業を継ぐ決意をする。

ただ、すぐには店にはいらず、那覇市内のジャズ喫茶でホワイトホースなどの洋酒を呑みながらアメリカ文化にひたって自分の世界を広げていたという。

小桜も時代の大きな流れのなか、板前や女性従業員も使う大所帯から親子三人で店を営む形に変ってゆき、先代の中山重則は一九九一（平成三）年二月に七十七歳で天上の人となった。

その父親について息子の孝一は「典型的な大正生まれの頑固者。家ではムスーッとしていて笑顔なんか見せたこともない。なのに店へ出ると陽気な表情でお客さんと話している。家族のような雰囲気で客に接するオヤジのスタイルを見て自分の代の小桜でもこの姿勢は守っていかなければと考えた」と話す。

母親のフミエについては「家庭を支えながらいろいろな面で一番苦労したのはオフクロでした。板前のケンカの仲裁にはいったり、店で働く皆の面倒をよくみたりした。その一方で板前の手さばきを観察して料理の仕方も体で覚え、自身が立派な調理人に成長していったのは驚きです」とふり返る。

二〇一四（平成二十六）年三月に九十一歳で亡くなったが、翌年ホテルで開いた小桜六十周年の集いには全国から常連客三百人が集まり、ゴッドマザーを偲ぶ一周忌の場として皆で献杯した。

それより三十年以上も前、琉球新報の一九八二（昭和五十七）年七月五日付夕刊は「この人この仕事、すしを握って二十七年」でフミエにインタビューして次のような記事を載せている。本人が還暦一年前の取材である。

「生活のために始めた仕事だったが、勉強熱心な中山さん。キュウリを使って、何度も握り方の練習をした。今でこそ、手際ぎわよく楽々と握れるようになったが、『最初、お客さんの前で握ったときは、手がふるえましたよ』

ズブの素人が始めたすし屋であったが、おふくろの味が受けて中山さんの店には二十年来のお客さ

琉球新報（夕刊）　1982年（昭和57年）　7月5日　月曜日　1版（2）

この人この仕事〈21〉

すしを握って27年

中山フミエさん　調理師

家庭

すし職人・中山フミエについて取材した琉球新報

んも多い」

割烹「小桜」の経営は戦後の沖縄を象徴するように山あり、谷ありで何とか営業を続けたが、那覇では松山や前島、久茂地など国道58号線の北側に新しい料飲街が誕生すると、竜宮通りや桜坂から客足が少しずつ移っていき、かつての夜の街の華やかさも薄らいでいく。

58号線といえば沖縄の本土復帰前は1号線と呼ばれ、緊急時には滑走路にもなる軍用道路でベトナム戦争のときには戦車や装甲車が走っていたが、平和な時代にはいり、道路の性格も変わっていく。

そんな時期に大阪から那覇へ移り住んできて沖縄をテーマにした本を何冊も書き、作家として注目されたのが仲村清司だ。後に出版した『沖縄とっておきの隠れ家』（沖縄スタイル）のなかで小桜のことを紹介しているが、ここで出すニンニク風味のそーめんチャンプルーをことのほか気に入っていたそうだ。

ニンニク風味の小桜そーめんチャンプルー

沖縄サミットやＮＨＫの朝ドラちゅらさんにより未曽有の沖縄ブームが起きて小桜は沖縄の名店と呼ばれるようになった。

それでも「そんな評判もどこ吹く風とばかりに、この老舗は淡々と客を迎え続けている。こういう威風堂々とした店の気風が好きである。……初めて沖縄を訪れた知り合いを……那覇という街の雰囲気を知ってもらうためにも、義務のようにこの店にまず足を運ぶ」と仲村は隠れ家の本で紹介している。

小桜のそーめんチャンプルーは店の一番人気メニューで、中山孝一は「よその店ではシーチキンとか入れる所もあるけれど、うちはゆでたソーメンをキャベツ、ニンニクと炒め塩味をつける簡単な一品。最後に青のりを散らすシンプルなものでオリオンビールの生と合わせるファンもいます」と語る。

▽うりずんVS小桜

そんな小桜で二代目の中山孝一が店を実質的に任されるようになるのは一九九〇（平成二）年ごろからだったという。父親の重則が亡くなる一年くらい前で、店の経営状態はあまりよくなかったので、抜本的な立て直しも考えなければならなかった。

父重則と母フミエが店を営んでいたころ出す酒はもっぱらホワイトホースやカティーサークなどの輸入ウイスキーが中心で、泡盛といえば瑞泉と瑞穂の一升瓶をカウンターの下に隠していた。客から注文があれば、それを日本酒の一合徳利に移して出していた。

しかし、沖縄が一九七二（昭和四十七）年に日本へ復帰し国税事務所の鑑定官が酒蔵へ出向き泡盛の造り方を直接指導するようになると酒質が格段に向上し、コーラなどで割らなくても泡盛だけで十分楽しめる酒になっていることは中山自身もよく分かっていた。

それから十年もたたないうちに、泡盛の品質はさらに向上したとして業界の関心は泡盛を入れるボトルの外観に集中していく。

那覇の久米仙酒造が一九七八（昭和五十三）年に泡盛を緑色の透明な化粧瓶に入れた「久米仙グリーンボトル」を売り出したところ、スナックや居酒屋で爆発的にヒットしたからだった。

これに刺激を受けた首里の瑞泉酒造が「翔」、もう一つの首里の雄である瑞穂酒造が「ロックボーイ」という若者にも受けそうなしゃれたデザインの新商品を売り出した。

小桜の中山孝一のところへは両酒造会社の社長自らがトップセールスに押しかけるほどで、このころから国際通りの観光客相手の土産物店では色彩豊かなラベルを張った泡盛であふれ返るようになり泡盛のイメージが一新した。

「だけど、代表的ブランドの瑞泉と瑞穂の二つの泡盛を呑み比べても、両方とも中小蔵から桶買いした酒をベースに造っていると聞いていたし、酒は好みの問題が大きいのでどっちがどれだけ旨いといえるのか、正直自分の舌ではよく分からなかった。

いや、沖縄では泡盛の名前や味にこだわらず、気に入った酒を呑んで心地よく酔って人と楽しく語りあう文化というものもあるのではないか」

こう考えた中山は「小さな蔵でも面白い泡盛がいろいろとあるにちがいない」として沖縄本島はもとより宮古島、石垣島へと酒を探す旅を始めた。

うりずんの土屋實幸が沖縄全土の島酒を探しはじめて約二十年後のことである。

と同時に、中山は那覇市の泊港近くにある喜屋武商店という酒屋に顔を出し、手にはいらない泡盛を探し求めた。ここは米国統治下時代の洋酒全盛のころに、県内の全泡盛蔵元と契約を交わしたという驚くべき酒販店だったからである。

中山孝一の蔵元探索行に話を移すが、本島北部のある泡盛蔵を訪ねているとき、経営者に警戒されていると感じたので、「うちでは手づくりの豆腐ようを店で出しているが、お宅の酒が一番合うのです」などと話しかけては、信頼を深めていった。

中山の妻伊律子の故郷・伊江島に近い名護の町の雑貨屋には古い泡盛のはいった瓶が何本も眠っていて、古酒の値打ちがよく分からない店の女主人が「造ってからだいぶ時間がたったお酒なので安くしてあげようかねえ」などと言って古酒を破格の値段で分けてもらったこともある。

こうして各地の蔵を訪ねているとき、耳にはいって

中山孝一、妻伊津子（右）、長男亮一の家族＝2014年

きたのが『醸界飲料新聞』を主宰する仲村征幸の名前だったのだという。

仲村はこれまでにも紹介してきたように居酒屋「うりずん」を営む土屋實幸と百年クース運動をつづけてきた泡盛の守護神と呼ぶにふさわしい人物である。

中山孝一は仲村征幸を通して土屋實幸を知っていたが、二人は親しく交わることはなかった。泡盛について、というより居酒屋経営に対する根本理念が百八十度ちがっていたからだ。

土屋は来店した客に自分が理想とする旨い酒つまり古酒を紹介し、それもソムリエの資格をもつ店員が提供する。料理も専門の調理人が作った本格的な琉球料理を肴にするよう勧めた。

これに対し、自ら包丁を持つ料理人でもある中山は自分で作った肴に合わせて客に好みの泡盛を選んでもらえば、それで十分と考える立場だった。

母フミエ、美容室を経営する妻の伊津子がときおり手伝う家族経営の店ではうりずんのように多くの客を同時に迎えることはできないという事情もあった。

中山孝一が大事にしている座右の銘に次の言葉がある。


「酒逢知己千鐘少　話不投機半句多」


〈気が合わない人と酒を呑むと、いい酒でもまずくなる。ものすごく気が合う人と呑めば、そんなにいい酒でなくても旨く感じる〉

そんな意味だろうか。土屋がこだわる泡盛を熟成させた古酒についても中山流に言いかえれば次のような内容になろうか。
〈酒呑みは誰でも熟成された酒を好む。だが熟成された人間になれば、どんなまずい酒でも腹に入れば熟成された酒のようにうまくなる〉

こう考える中山孝一は店に古酒は瑞泉の十年物アルコール度数四十三度一種類しか置かず、後は南光、まる田、神泉、守礼、まさひろなど沖縄本島、離島で造る四十種類以上の新酒を並べている。一階のカウンター席の窓側背中部分にずらりと並んだ色とりどりのラベルが貼られた島酒の一升瓶は存在感があるというものだ。

これらの泡盛を、ちぶぐわぁ（おちょこ）、グラス、半合、一合のいずれかで飲ませるほか、ドリンク類は沖縄を代表するオリオンの生ビール、自家製珈琲泡盛、Ａボール（泡盛炭酸割）、ペプシコーラ、さんぴん茶などを用意している。

これに合わせるつまみはいたってシンプルにして、品数も多いとはいえない。最初に健康にいい沖縄モズクのゴマダレかけをつき出しに供するが、後は次のような一品数百円程度の品書きから客が自由に選んでもらえばいいと考えている。

・島豆腐（まずは自慢の沖縄豆腐を生で）
・ミミガーの和え物（豚の耳皮をゴマ醤油で和えたアッサリ味）
・スーチカー（豚三枚肉の塩漬けをゆがいて、薄く切った一品）

・すくがらす豆腐（アイゴの稚魚塩漬けを島豆腐にのせる）
・わたがらす豆腐（カツオの塩辛を島豆腐にのせる）
・海ぶどう（海で育った状態で新鮮なままを提供）
・豆腐チャンプルー（豆腐とキャベツ、スーチカーで炒める）
・ゴーヤーチャンプルー（代表的家庭料理、スーチカーが入る）
・塩ナンコツソーキ（とろりとろける豚の塩軟骨煮、泡盛に合う）
・牛もつ塩煮込み（牛もつあっさり塩で煮て、黒胡椒風味）
・豆腐よう（琉球の宮廷料理で出す珍味で、手作りの一品）
・スルルーの南蛮漬け（キビナゴを揚げてから南蛮酢に浸す）
・味噌ピー（ピーナツをから揚げし、奄美の粒味噌をからめる）
・島ラッキョウ（伊江島特産を丁寧に処理してから軽く塩漬け）
・お好み焼き（ヒラヤチーではなく、なぜか関西風）

じつは中山孝一が父重則から店を継いだ時点では寿司を握るため生モノを扱っていて、カウンターのネタケースにはマグロ、赤マチ（ハマダイ）、島ダコ、セイイカ、ウニ、シャコガイなど地物の鮮魚類を並べていた。

これらを使った刺身定食を出していたが、注文する客がほとんどなくて歩留まりが悪かったため、小桜開店五十周年の二〇〇五（平成十七）年から思いきって品書きを一新することにした。

生モノは扱わず、あまり手をかけない酒の肴を用意して、泡盛を呑む客と会話を楽しみたいと考えるのが中山孝一流の居酒屋といっていいだろう。

一九九八（平成十）年に出た季刊『サントリークォータリー』第五十九号は「酒場の十二月」を特集していて、このなかで作家の秋山鉄が「太陽が上がるまでん」のタイトルで那覇を飲み歩いた沖縄酒場漂流記を書いているが、小桜のつまみについて次のように触れている。

〈個性的なメニューが続々と登場する。

《海ぶどう》は海草の一種か。一見したところ、子持ちワカメに似ている。細い茎にカズノコぶりの、実のようなのが鈴なりになっている。口に入れると、それらがプツプツと弾け、潮の香りをふりまくと、あっさり溶けて胃に落ちてしまう。すがすがしさがいい。

《カラス豆腐》地の豆腐の上に体長二センチほどの小魚がズラリと並べてある。スクガラス（アイゴの稚魚）を塩漬けしたもので、単体でも肴になるが、かなり塩辛い。土佐の酒盗も顔色をなくすほどの辛さである。豆腐とともにほお張り、口中にて融合させれば、文字どおり、ほどよい塩梅に落ち着くという寸法。

きわめつけは、この店の自家製《豆腐餻》だろう。簡単に説明すれば、豆腐を陰干しして硬化させたのち、泡盛とこうじに漬けて半年寝かせたもの。その間にも、複雑な秘法秘伝、あの手この手が注入されるのだろうが、そういうのはたずねるものでもあるまい。

楊枝でチビリ、切り崩して舌に載せる。またしてもグーである。そしてまたひとカケ。しばし酒への手が止まる。それもそのはず、豆腐餻自体、酒なのだ。泡盛がたっぷり浸透している。酒を食う。豆腐で酔うから〝豆腐ヨウ〟と称する、のかどうかはわからない。

小桜の名物・味噌ピーについても補足しよう。

中山孝一の両親、重則、フミエは徳之島出身だから故郷から送られてきた皮付きピーナッツを油で揚げ、粒味噌と砂糖で和え、弱火で混ぜ合わせる。

ある時、観光客が味噌ピーを食べて絶賛し、「これ何という料理ですか」と聞いてきたので、「奄美の家庭で出す総菜です」としか答えようがなく、当時流行タレントの酒井法子の「のりピー」にちなんで、味噌とピーナツだから「味噌ピー」と名付けたという〉

竜宮通りには民謡酒場など個性的な居酒屋が多いが、小桜の隣にある「さかえ」はヤギ料理を出すことで、知る人ぞ知る名店である。

生島サツエという「自分の齢は海に捨てたから忘れた」という陽気な大ママと、サービス精神が旺盛な娘のなおみネーネーが営む。

一九六四（昭和三十九）年というから東京五輪の年の開業で、米国人の中古服を直す洋裁の仕事をしていたサツエママが店を始め、いつまでも栄えますようにとネーミングを考えた。

昭和のスナックを思わせる店内はお世辞にもきれいとはいいがたいが、ヤギ汁、ヤギ刺し、ヤギ炒めなどが一番人気で、冷凍ものではなくて、つぶし立ての鮮度のいい生のヤギ肉を使うのが店のウリになっている。

沖縄ではヤギは昔からヒージャーと名づけられ、たんぱく質が豊富で血行もよくすることから栄養補給源として重宝されてきた。ヒゲのある動物をヒージャーと呼び、めでたい席で喜ばれている。長時間炊くヤギ汁は沸騰しているときにアクをていねいにとるのがコツで、旨みと脂肪が凝縮されてフーチバ（よもぎ）がはいったスープをすすりながら泡盛やオリオンビールを呑むのは至福のひとときといえよう。

自慢のヤギ刺しは赤身の肉はモチモチ、白い皮はコリコリという感じで、ニンニクを添えて酢しょう油といっしょに出てくるが、臭みがないのでお代わりを注文する客も。玉ちゃんというヤギの睾丸の刺身が月に一回出回ることもある。

刺身が苦手な向きに考え出されたのがヤギ炒めで、塩と胡椒を使って強火で炒めた一品だが、泡盛がすすんで仕方がない。このほかにも、プルプルした感触の焼きヘチマなどの珍しい品書きもある。

サツエママはかつて交通事故に遭い、店を長年閉めた時期がある。後遺症に今でも悩まされているが、波の上の海岸を散歩するのが好きで、波打ち際の砂利を足で踏むと元気になるという。

母娘が織りなすかけあいも面白く、人出が足りないので客が率先して料理を運ばされる、それでいて不満が出ない何とも不思議な雰囲気の店である。

▽マラソン好きの主人

沖縄ブームの到来で地元客御用達の居酒屋だった小桜にも観光客が多数訪れるようになり、そのなかには年々リピーターも増えてくる。

小桜の店内には一九九七（平成九）年から客の顔を撮ったポラロイド写真約四千枚が壁や天井を埋めつくすように貼られている。当初は酔った顔を撮影したことから「酔顔」と名づけ、〝すいがん〟と読んだ。それが「よいかお」とも読めるよ、と常連客のあいだで話題になり、写真のタイトルを変えた。

そのうちポラロイドを製造する会社がなくなりフイルムも手に入らなくなってからはスマホで撮影した後アルバムへ収録している。

サプライズのお膳立てでできた即席のカップルが結婚まで行き、子どもを交えての幸せな家族写真。ときには不倫がバレてお家騒動に発展したコマなど、一枚一枚の写真には人生の深遠なストーリーが秘められている。

中山孝一は「ポラロイドのフイルムは一枚が二百円だから四千枚使って八十万円かかったが、この何十倍もの価値を生み出した。一枚の写真から人の輪ができて、お客さんの数が激増した。客が客を作りだす仕組みがいつのまにかできあがっていた」とふり返る。

こうした流れで、小桜には客が主体となって参加するさまざまなイベントができあがっていったが、那覇マラソンや伊江島マラソンへ小桜チームとしての参加、ビーチパーティーの開催もそうした一例である。

中山孝一は二〇〇七（平成十九）年の十二月二日、五十五歳のとき、日本最大級の市民マラソン大会である那覇マラソンを初めて走った。スポーツは球技を中心に何でも得意だった中山にとって、唯一苦手だったのがマラソンだった。

公害の街・尼崎に生まれ育った中山は小児喘息を患っており、発作が起きたときの苦しさを思い出すと四十二キロあまりのフルマラソンに参加することなど考えられなかった。

小学生時分、風邪をひくと必ず発作が出て、横になって眠れないのでタンスに寄りかかってヒーヒー言いながら夜明けまで過ごす。そんなつらい体験があるので、小桜の常連が那覇マラソンに参加しているときでも、中山はいつも応援する側に回っていた。

あるとき、ランナーの一人に「大将、応援するより走ったほうが楽しいですよ」と声をかけられたのがきっかけで、体調を整えて自らも参加することに。

こうして「チーム小桜」ができあがっていったが、マラソン前日にエネルギー補給の泡盛呑み会を開き、当日走った後も泡盛でエネルギーを補ってから解散する。小桜の店外にも会場をつくり、愉快に酒を呑んで北海道から福岡に至る全国から参加した者同士が交流する。

二〇一六（平成二十八）年の四月からは伊江島マラソンにも参加した。チーム小桜の伊江島合宿と呼んで、中山孝一の妻伊津子の実家に宿泊して、バーベキューを満喫しながら、本番のマラソンは三キロ、五キロ、十キロ、ハーフと各自が好みのコースを走った。翌日の豚のあばら肉を煮つけたソーキ汁の朝食には一同から歓声が上がった。

中山はマラソンの効用について自身の二〇一四年十月のブログで次のように書いている。

「マラソンは過去を振り返り、未来を見据えることができる。スタートからゴールまでの四十二・一九五キロの中で人生を感じる。それはまぎれもなく実感する『ホントの世界』そこに『ウソの世界』はない、一歩踏み出すとホントの自分しかない、誰のせいでもない、言い訳も出来ない。

現実から勇気を出して一歩飛び込むことで新たな自分を発見できたことに感動する。そして純粋になり、素直になる。そのとき人は清々しくなれる。人が好きになれ、人が恋しくなる。ジョガーたちの様子はまさにそんな感情が噴き出したように見てとれる。まさにそこに、『平和の輪』ができる。誰が作ったものではない、一人ひとりの人間が主体的につくられた、本物の『平和の輪』である。昼のマラソンコースは上空から見るとジョガーと沿道との交流はまさに『平和の輪』であったろう。

この輪は、今もめている基地の建設費と維持費を、走るための道路整備に回せば、全世界的に広がる輪となるんだがなー」

こうした小桜主催の行事には中山の長男亮、次男祐作、長女美華子、三男潤也が参加して盛り上がりを見せていく。みな美容師や保育士、イルカの調教師といった職に就いているためおもしろいアイデアが飛びだす。


中山孝一が本物のマラソンとは別に二〇一四（平成二十六）年から小桜の店内で始めたイベントに「アワモリマラソン」がある。

これは沖縄全島にある四十六製造所の代表銘柄を二年以内にすべて飲み乾すと、FINISHERの称と名前が刻まれた特製グラスがもらえるという試みだ。

「当初の目的は、呑み比べて味のちがいが分かる。好みの酒を見つける、それを各自で古酒にする、だったが、途中からウルサイことを言うのはやめた。皆酔っぱらいながら泡盛の、沖縄の魅力について自由に語り合えば、それでいいじゃないかと思うようになった」と中山は話す。

このアイデアは沖縄ブームで観光客が急増してきた二〇〇〇年ごろに小桜の客に全島の蔵元を直接訪ねてもらい、泡盛を呑むスタンプラリーを計画して関係者へ提言したが実現に至らなかったという。

「造り手と売り手と飲み手の三位一体の関係が成立して初めて泡盛の安定した市場が実現できる。各地に散らばる酒造所を訪ねることで、その酒を生み出した風土を感じ、造り手の顔を見ることによってそれぞれの酒へ思い入れを深めてもらえば泡盛党は増えていく。そう考えて泡盛マラソンを考えついた」と中山は当時をふり返る。

こうして見てきた小桜という店の性格は、文化人が集まりがちな土屋實幸のうりずんとは開きがあるように見えるかもしれないが、長野県上田市にある美術館「無言館」の館主窪島誠一郎のようにくり返し顔を出す人物もいるのである。

窪島は宜野湾市にある佐喜眞美術館の学芸員上間かな恵が最初素性を明かさず連れてきた。二〇〇五年ごろのことだが、頭がぼさぼさで声も聞きづらく、笑顔も見せない、不思議な人物という印象だった、という。

ある日、テレビでインタビューを受けている窪島誠一郎を見て、戦争で亡くなった画学生の遺作を展示する美術館を運営していて、水上勉の生き別れになった長男だったことを知る。

米軍普天間飛行場に隣接する佐喜眞美術館は、故丸木位里、俊夫妻の「沖縄戦の図」が常設展示されていて、窪島の無言館を手本にコンセプトをつくったと中山は上間から聞いていた。そんな経緯もあって上間は窪島をお気に入りの小桜へ案内してきたのだった。

窪島誠一郎は中山と妻の伊津子とも親しくなり、『父への手紙』、『無言館への旅（戦没画学生巡礼記）』などの著書にサインを入れて送ってきた。二人は年上の窪島を「誠ちゃん」と呼ぶようになった。

「窪島さんの話を聞くたびに無言館で展示されているそれらの作品を見たい衝動にかられる。著名な画家が意に反して戦争を鼓舞する絵を描かされたあの時代。早逝した画学生も皆葛藤に苛まれたのではないか」と語る中山は次のように続ける。

「丸木夫妻の『沖縄戦の図』を見ると、戦争は二度とやってはならないというメッセージが大きな迫力をもって伝わってくる。そのことを知ってもらうためにもぜひ佐喜眞美術館を訪れて、とうちに来たお客さんに話しかけることもあるんです」

中山孝一はノーベル文学賞を受けたカズオ・イシグロの作品をはじめ、晩年は沖縄大学へ教授として招かれた宇井純の『公害原論』も若いころに読み込んでいたほどの活字人間でもあるから、小桜へ来た客とはどんな話題でもある程度は合わせることができるのである。

▽泡なし酵母の発見

ここで、小桜の常連でもあった「醸界飲料新聞」を主宰する仲村征幸の話題に戻す。

仲村は月刊『うるま』二〇〇七（平成十九）年四月号に掲載したコラム「泡盛よもやま話」に「書

き続けて百回、小桜でささやかに乾杯するか」を執筆し、そのなかで小桜の魅力について次のように触れている。

「アマ（おっかさん）は奄美の出身で気さくな人だ。この店にヨッと言って入ると心身ともに安らぎを感じ、アマとのジョークが始まる。そして私の一番好きなソーミンチャンプルーをオーダーするがこれまたアマのティーアンダが混じり泡盛とよく合う、要するにアジクーターだ。小桜のナンバーワン人気メニューで、次いでスーチカー、ミソピーだ」

ティーアンダは以前にも触れたように「手間をかける」「愛情を注ぐ」という意味で、アジクーターは「深みのある味」とでも説明すれば適当だろうか。

そんな仲村と中山孝一の直接の出会いはこのときより六年ほど前にさかのぼる。

二〇〇一（平成十三）年のある日、店のポストに『醸界飲料新聞』が一部配られていることに気づいた中山は、発行元を訪ねることにした。沖縄各地の泡盛を探し求めて歩いたころから仲村の名前はよく聞いていたからだ。

新聞社というからにはビルのなかにあるくらいに考えて探しつづけると、那覇市の真嘉比にある木造一軒家に行きつき、玄関に醸界飲料新聞社と書いた存在感のある木の看板がかかっているのに驚いた。

引き戸を恐る恐る開けると、玄関からはいってすぐの部屋で鉢巻き姿の老人が新聞の校正作業をしている最中で、中山を見るやキッとにらみつけてきた。

「パソコンを使う時代に手作業をするとは何とも気の長いことを」と感銘を受けた中山が泡盛につ

いて言葉を選びながら質問すると、仲村は頑固な表情をたちまち崩し、話に乗ってきた。

島酒をいかに愛しているかが伝わってくる、そんな顔だ。やがて押し入れや床の下から特上の古酒をとり出し、「これを呑んでご覧」と言ってつぎつぎとふるまってくれた。

「中山君、居酒屋の経営者でぼくの自宅まで押しかけて来た人は君が初めてだ。今度はぼくが君の店へお客さんを連れて行かなければいけないね。酒癖はあまりよくないので覚悟しておいてくれよ」

こう言ってニヤリと笑う仲村と中山は交流を重ね、泡盛の奥深さを知った中山は仲村の酒蔵取材に同行したり、新聞の配達を手伝ったりしていく。

このころ、小桜がある竜宮通りは経営者の女性たちも皆齢をとり、常連客も年金生活者が増え、「年金通り」などと皮肉な呼び方をされるようになっていた。


最盛期には六十軒あった飲食店の数も四十六軒にまで減り、かつての乙姫街は「オバァスナック街」とまで呼ばれていた。経営者のなかでも中山孝一は年齢が一番若く、他の店の主人の消費税の申告を手伝うなど文字通り竜宮通りの世話役になっていた。

「泡盛が売れない時代にはいった今、ママさんたちに泡盛についてもう一度勉強してもらい、多くの人に親しんでもらえるようにしたい」

年金通り再生のために中山は沖縄の文化と泡盛の歴史を学び直す学習会を企画して、その講師を仲村征幸に引き受けてもらった。

座学の勉強会のほか、糸満市でまさひろを醸すまさひろ酒造や久米島の久米仙へ酒造り現場の視察にも出かけた。

まさひろ酒造は一八八三（明治十六）年に首里で創業した蔵で、戦後与那原で再スタートし、現在は糸満市西崎で操業している。泡盛では初めて低温発酵に成功した蔵で、貴重な泡盛の資料をそろえたギャラリーもあって初心者はいろいろと学ぶことが可能だ。四代目社長の比嘉昌晋は中山孝一の若いころの呑み友だちでもあった。

久米島の久米仙へは小型機をチャーターして乗りこみママさんたちを感激させたが、このときは次のような経緯で実現したのだった。

中山の町おこしの取り組みが新聞で報じられたのを久米島の久米仙の社長島袋周仁が目にして「これは面白い。竜宮通りのママさん全員をうちの酒蔵に招待しよう」ということになった。

島袋は仲村征幸と一緒に「泡盛同好会」を盛り上げてきた同志でもあった。

竜宮通りの店はほとんどが一人営業なので店を二日休まざるをえないが、全員が参加することになった。「桜坂大学」の修学旅行の始まりである。空港に集まったママさんたちは七十歳前後の現役女子大生気分だった。

一行は島袋社長の期待に応えて泡盛の勉強をするはずだったが、風光明媚な久米島にはいると島内観光が始まり、工場研修はそこそこに盛大な歓迎会、二次会と続き、いたれりつくせりの一泊二日の修学旅行はあっというまに終わった。夢のような時間だった。

この顛末について中山孝一は「ぼくと泡盛」というブログのなかで次のように書いている。

「その後、竜宮通りの空気が変わるのが感じられた。ややもすればいがみ合いの飲み屋街の雰囲気が連帯の雰囲気になった。このまま進めば沖縄の文化のいい発信地になれる、と確信した。が、それからは年々、寄る年波には勝てぬといって一軒一軒店を閉じ出した。あれから二十数年、まわりの風景も随分変わった。泡盛を囲む環境も変わりつつある。六百年の伝統はこれからどこに……」

笑顔の新里修一

そんな中山孝一の竜宮通り勉強会の講師を引き受けた一人に小禄高校時代の友人で、合名会社新里酒造の社長新里修一がいる。むずかしい話を分かりやすいたとえ話にするのが得意で、元乙姫たちには人気があった。

江戸末期の弘化三（一八四六）年、首里の赤田で創業した新里酒造は沖縄で現存する最古の酒蔵である。一九五三（昭和二十八）年に蔵を那覇市の牧志へ移し、その後地酒メーカーのなかった沖縄市に招かれて本社をつくり、うるま市へ新工場を移転して「琉球」や「かりゆし」などの定番銘柄を醸している。

かりゆしとはめでたいことを意味する沖縄言葉である。

新里酒造の酒はすっきりした味わいとフルーティーな香りが特徴で、そのために蒸し時間がむずかしい丸米を使い、低温発酵と減圧蒸留によって味や香りを調整しているという。

その六代目蔵元に当たる新里修一は「小学生のころ、父の軽トラックに乗って料亭などから空の酒瓶を回収し、それを洗浄する毎日がつらかった。酒蔵は今でいう三K労働で稼業は正直継ぎたくないと思い、本土へ渡りました」と話す。

といっても進学したのは東京農業大学で、「味覚人飛行物体」のあだ名がある小泉武夫教授の研究室で醸造学を修めることになり、国税局の鑑定官を十四年務めた後の一九八九（平成元）年に父親にたのまれ蔵へ戻った。

泡盛はコメを蒸して黒麹菌をまき、四十時間ほど寝かせた後の仕込みの際に酵母菌を入れる。発酵が進むと泡が活発に沸いて容器から吹きこぼれるので扱いに困るのが蔵人にとっての悩みだった。

新里修一は鑑定官時代の一九八八年に従来使われていた「泡盛1号酵母」のなかから「泡なし酵母」を分離することに成功した。この酵母を使うと泡の管理が楽になるうえ、アルコール取得量が増えるというおまけまでついていた。

小禄高校時代の中山孝一はサッカー、テニスをするスポーツ少年で、新里修一はクラシックギターを愛する学者肌でタイプはちがったが、沖縄へ戻ってからは親しくつきあっていた。

「泡なし酵母の発見は世界中の六十億人のなかから一人の不良少年を見つけ出すというような困難な仕事と聞いて驚いた。その成果を泡盛業界に広く還元した新里修一はすごい男です」

中山が生涯の友と誇りに思う新里は二〇一六（平成二十八）年六月、直腸がんが原因で六十三歳の若さで逝った。日ごろはゆったりした構えの中山が知らせを聞いて号泣したことはいうまでもない。

「新里修一に送る」というブログのなかで、中山孝一は女子には目もくれない風を装っていた新里が小禄高校時代のマドンナを妻に射止めたことについて触れ、「六十億人のなかから一人の不良少年を見つけるより比べ物にもならないくらいたやすいことだったのかもしれない」と追悼の文章を書いた。

▽哀愁の桜坂

小桜店主・中山孝一の人生を語るうえで欠かせないのは「桜坂」という街の歴史だろう。

国際通りの牧志交番から竜宮通りを抜けたあたりから桜坂社交街に入る。沖縄の民謡酒場やおでん屋、山羊料理店、バー、スナック、サロンなど小さな店がいくつもたち並び、丘の上にそびえ立つ米資本のホテルハイアットリージェンシーの威容が目を引く。

那覇の歓楽街のシンボルだった桜坂通りは一九五二(昭和二十七)年に平和通りに面するがけが切り崩されて、丘の上に珊瑚座という映画館が誕生したのが始まりで、その周辺にピーク時には数百軒の飲食店が集まってきたという。

しかし、福山雅治のヒット曲『桜坂』に歌われた情景とちがって、那覇の桜坂では桜の木は今では桜坂劇場の前に三本が残るだけとなっている。

桜坂劇場の前身が珊瑚座で、この劇場をつくった山城善光が開設を記念して本部町の伊豆見から桜の木百本をとり寄せて移植し、家族連れが散歩できる桜のトンネル構想を夢見たのだった。

当時の雰囲気について琉球新報一九五四年七月十九日夕刊掲載の「沖縄新風土記」は次のように紹

介している。

「〝桜坂〟とはしゃれた名前をつけたものだと、知らない人は思う。知っている人は少しばかり恥ずかしいような気がする。

六十本程の苗木が植えられたのは一昨年の二月である。たちまち枯れてしまった。去年の三月には琉映館の前に桜の成樹を二本植え、花まで咲いたけどやはり枯れてしまった。……今は唯〝桜坂〟というきれいな名前だけが残っている」

自ら鍬を握って土を掘り起こし桜の苗を植え、「いつか咲いておくれ」と水を与える山城の姿が目撃されていたという。

そんな山城善光は一九一一（明治四十四）年、大宜味村生まれ。戦前の農民運動のリーダーの一人で、『山原の火 昭和初期農民闘争の記録』（沖縄タイムス社）を残したことでも知られる。戦後は沖縄民主同盟・沖縄社会大衆党の創設に尽力した。

一九五八（昭和三十三）年立法院議員に初当選、一期務

沖縄文化の発信基地・桜坂劇場

めたが、国政への道を歩む前に、桜坂の創建に取り組んでいた。沖縄の本土復帰後は大宜味村の地域活性化に貢献。村に古くから伝わる精霊ブナガヤ（キジムナー）伝説の掘りおこしに力を入れ、書籍も出し、二〇〇〇（平成十二）年に八十九歳でこの世を去っている。

山城善光が力を入れた桜の木の移植は辺り一帯で開発が進み、工事用の車両も出入りするようになると桜の木は無残に切り倒され、定着することはなかった。

ホテルハイアットが二〇一五（平成二十七）年にできる前の桜が最後の一本と言われていて、桜坂劇場の支配人中江裕司が「このサクラの由来を知ってますか。大事にしてください」と工事関係者に伝えると「分かってますよ」という返事をもらったが、そのサクラも姿を消したという。

一九六〇（昭和三十五）年十一月、京都に生まれた中江は琉球大学へ進学後も沖縄暮らしを続け、桜坂にある映画館に通いづめた。自らも映画を監督するようになり『ナビィの恋』や『ホテル・ハイビスカス』などのヒット作で知られる。

「桜坂は行政の定める地名ではなく、文化の発信地として残った地名。ぼくもこの町で育てられたのだから恩返しをしたい」と考えて二〇〇五（平成十七）年に「桜坂シネコン琉映」を引きつぎ、桜坂劇場として再出発した。

上映作品はミニシアター向けの新作のほか、往年の佳作やときに日活ロマンポルノなども上演する。桜坂市民大学と称した体験型ワークショップも開き、沖縄文化の発信基地の役割も務める。

「年間二十万人のお客さんが来てくれるようになったが、劇場は自分たちのものではなく、桜坂という地域から預かったものと考えています」と中江は説明する。

仲村征幸の「泡盛は一企業のものではなく、沖縄県民の共通財産だ」と訴えた言葉を思い起こさせる発言だ。

桜坂から天ぷら坂に上る途中に映画「男はつらいよ」や「ゴジラ」などの看板で飾られたトタン張りの古い建物が目を引いた。

夜も遅い時間になると、店の名を知らせる「ヒーロー」という赤い文字が白地の灯りに小さく浮かび上がる。

喜名景昭という一九四七（昭和二十二）年生まれの画家で、映画の看板絵師が営むスナックで、広くない店内には喜名自身が半世紀あまりのあいだに描いてきた看板のごく一部、東映時代劇の作品などが飾られている。

常連はここで泡盛を呑みながら夜ごと映画談義を楽しんでいて、喜名の人懐こい笑顔は初対面の客でも分け隔てなく歓迎してくれた。

手描き看板はかつて映画館の顔と知られたが、全国の劇場で配給会社のポスターが宣伝の主流となると、経費削減を理由に姿を消していった。東京・青梅の久保板観が二〇一八

スナック「ヒーロー」

年に七十七歳で亡くなってからは、喜名が最後の看板絵師ではないかと語られてきた。

喜名景昭は十九歳でこの世界へはいり、千枚以上の作品を描き、中江裕司が二〇〇七年に『恋しくて』を製作したときにも看板をつくった。

「先輩たちから受けついだ文化を絶やすわけにはいかないのです」。こう話す喜名は小さなスナックがひしめきながら、疲労感が漂う桜坂の街の再生を考えてきた。そのとき脳裏にあったのがJR青梅駅周辺を映画の街として再生させた久保板観のことだったのである。

「高齢のママさんたちの店に邦画の看板を飾ったら元気が出るのではないか」。そんなことも考え、喜名景昭は桜坂劇場にアトリエをもって若者に絵を教えながら、街おこしの活動を続けてきたが、二〇二〇（令和二）年に爆発的に広がった新型コロナウイルス感染症のダメージを受けてヒーローも閉店せざるを得なくなった。


そんな桜坂劇場の向かいにある小高い丘は希望ヶ丘公園と呼ばれているが、小桜を営む中山孝一にとっては希望どころか絶望ヶ丘と呼びたくなるような場所だったという。

五歳のとき、尼崎から那覇へ移り住んだ中山は当初小桜の店内で一家四人が寝起きしていたが、間もなく公園になる前の希望ヶ丘に移り住んだ。

「うっそうとした木々に囲まれ、昼も暗い。雨が降るとぬかるんだ小道が続く貧民街のボロ家で、トイレも家の外。ハブがうようよいるような環境で、子ども心ながらに明るい未来とは無縁の生活を送った」

こう話す中山は小学生になると丘の上で凧上げをしたり、戦時中に掘られた防空壕で鬼ごっこをしたりした。図画工作の時間には桜坂の社交街を丘から見下ろしてスケッチ帖に描いたりした。

「それでもトタン屋根に張りぼての装飾をしただけの店が夜になるとネオンで美しく感じられ、おとぎの世界のようだった。これからの社会に大いに夢を与えるところだと子ども心に感じていたかもしれない」と振り返る。

中山孝一は小学生のときから小桜の常連客に桜坂のクラブへ連れていってもらい、ホステスのお姉さんの膝の上に乗って香水のにおいをかぎながら大人の世界を観察してきた記憶がある。

ステージの上にはフルバンドのジャズマンが演奏し、その前ではペチコートを着たホステスたちが客と踊り狂っていたという。

桜坂の一角でスナック「センター」を営む保永子は一九三〇（昭和五）年生まれ。二十三歳から桜坂で働き、松山、桜坂で通算五十五年もの長い年月、高級クラブを運営してきた。

ホステス、バンドマン五十人を扱った伝説の女主人で、中山孝一の母フミエに「永子ちゃん」と可愛がられたというから、中山は永子ママの店で遊んでいたのかもしれない。

そんな夢の国・桜坂にもやがて大きな開発の波が訪れ、地域を分断する道路建設のために店がつぎつぎと立ち退きを余儀なくされていく。

「女性が一人でやっとの思いで立ち上げた城が無残に壊される例をいくつも見てきた。彼女たちが桜坂から松山、久茂地などの新しい繁華街へ転戦しても齢をとっているから店を軌道に乗せるのは厳しい。仮に成功してもそんな不安定な商売を子どもに継がそうと親としては考えないし、子どもも継ごうとはしないので看板を下ろさざるをえなくなる」

そうした桜坂の変遷を見てきた中山孝一はブログに次のようにつづり、ため息をついたこともある。

「これからの社会、これでいいのかと考えてしまう。竜宮通りのママさんたちと話すと『昔はよかったのにねー』という言葉がよく出る。これは昔はもうかったから、ということではなく、皆貧しくても人と人のつながりがあって未来に希望が持てたからという意味だ。足元で限りなく進む開発を見ると、心がぽっかり空いていく気がする」


中山孝一がかつて沖縄本島、八重山の離島にある全泡盛を集めようとして、現物がなかなか手にはいらず苦労した酒蔵が二つあった。

名護市の中心街で「国華」を造る津嘉山酒造所と那覇市の小禄で「春雨」を造る宮里酒造所だ。

このうち遺跡などの文化財が多い名護市内でもとりわけ目を引く津嘉山酒造所は一九二四（大正十三）年創業で、その三年後にできた赤瓦屋根の木造酒蔵は現存する赤瓦建造物のなかでも県下一の大きさを誇る。

沖縄戦の激しい爆撃に遭いながらも津嘉山酒造所が焼け残ったのは、米軍が意図的に攻撃の狙いを外したからだとも伝えられ、接収後の酒造所は米兵のためのパン工場に利用されたという数奇な運命をたどってきた。

戦後酒造りを再開したが、資金もなく操業と休業をくり返して小規模の酒造りをしていた。建物も荒れはてて、化け物屋敷のように語られた時期もあったが、地元で保存運動を起こされ、二〇〇九（平成二十一）年には国の重要文化財に指定された。

名護の名酒「国華」を復活させたのは琉球大農学部醸造学科出身の宮城剛で、中山孝一がまろやかな口当たりとほのかな甘味を感じさせる宮城の酒を手に入れたときの感動は忘れられないという。

その後国華は杜氏の秋村英和と工場長の幸喜行有の二人で少量造っているが、「ウチの酒はバニラアイスとも相性がいいんです」などと説明する秋村の語り口が評判になって酒蔵見学に訪れる観光客も増えている。


赤瓦の民家もほとんど姿を消した那覇の国際通りから一歩なかへはいった酒房「小桜」の古い木造家屋。正面の壁にまっ赤なラベルの中央に黒い文字でタテに「春雨」と描いた大きな看板を掲げた時期があった。

県内四十六か所の泡盛を集めていた中山孝一が、その最後四十六番目の酒としてようやく手に入れたのが、那覇空港に近い小禄の宮里酒造所が造っていた春雨なのである。

一般の酒販店では出回ってないため、中山が宮里酒造に「泡盛を売ってもらえませんか」と電話を入れても、帰ってきたのは「酒？　今は何もないよ」の不愛想な一言だった。

そんなおり、春雨の古酒が二〇〇〇（平成十二）年に開かれた九州・沖縄サミットの晩餐会の乾杯酒に使われたことを仲村征幸の『醸界飲料新聞』で知ることになる。

その仲村がある日、口が悪く、態度が横柄な人物を小桜へ連れてきて、「中山君、この男が春雨を造っている宮里酒造の社長、武秀さんだ」と紹介した。

宮里武秀と仲村征幸は頑固者同士で波長が合ったらしく、仲村は春雨の蔵に毎週のように顔を出していた。二人で泡盛の名前の由来をたしかめるため、ある高さからアルコール度数の異なった泡盛を下に垂らして泡立ち具合を確かめる実験をしたりしていたという。

泡盛一筋の人生を送ってきた人物で、職人気質の一面を見て中山孝一の悪印象は好印象に変わっていった。宮里は自宅も桜坂にあるので、たちまち小桜の常連になっていく。

店に来る日には「おい、バカヤローコウちゃん。今日行くぞー」と必ず電話があった。

春雨を呑んでの中山の印象は、独特の甘みに香ばしい香り、コクもあって飽きが来ない酒というものだった。

それなら多くの人に呑んでもらおうと考え、店の客に四合瓶を土産に持たせたり、店の看板に春雨のカラーラベルをとり上げたりしてきた。

福笹、打ち出の小槌、稲穂、杯、鳳凰と目出たいものがすべて並べられ、色も朱色を基調としたラベルは、国際通りを横切る観光客の目にも留まったにちがいない。

春雨はグルメ雑誌の『ダンチュウ』にとり上げられるようになるが、そのころには本土でもよく知られており、大きくブレークしていく。

だが、小桜へやって来る宮里武秀はいつもはしゃぎながら、「酒を造っている息子と気持ちが通じない」とこぼして寂しそうな顔をしていた、という。

頑固な酒造りを一人で貫いた父親と、蔵を継ぎながら父親を乗りこえようと孤独の闘いを続けた息子。

二人のあいだには厳しい父子関係が存在したのである。

孤高の親子のドラマについては次の章で紹介していきたい。

第五章　県民斯く戦えり

▽サミットは返礼

　いつのころからか、沖縄が太平洋戦争時代、日本本土防衛のための踏み石にされ、戦後も米軍統治下で屈辱的な体験をさせられてきた歴史について、負い目というか償いの心をもつ自民党の政治家は少なくなっていった。

　小泉純一郎、安倍晋三、菅義偉、岸田文雄ら新しいタイプの首相は沖縄への関心はあまり高いとはいえず、県土の十五パーセントを占める米軍基地の存在についても、なくすためにどれだけ本気で努力してくれているのかと現地では疑問に受けとめられているのが現状だ。

　琉球王国は一八七九年、明治政府によって強制的に日本に組みこまれ、沖縄は一九五一（昭和二十六）年のサンフランシスコ講和会議での対日平和条約によって米国による支配が半永久的に確立した。

そうした流れのなかで、日米の沖縄返還交渉は「沖縄の祖国復帰が実現しない限り、我が国の戦後は終わらない」と宣言した自民の宰相・佐藤栄作のときに始められ、一九六九（昭和四十四）年にニクソン大統領との首脳会談で沖縄の日本返還が正式に決まった。

佐藤が沖縄問題で動いたのは政治の師である吉田茂のアドバイスを受けたのと総裁選に向けての戦略によるものだった。

米軍の基地問題は政治的思惑から棚上げされたが、「本土との格差是正」などに力点が置かれ、それを担ったのが衆議院議員で初代沖縄開発庁長官に就任した山中貞則だった。

鹿児島県選出の山中は旧薩摩藩が琉球王国を侵攻した歴史への反省や、沖縄がなければ鹿児島が本土決戦の表舞台にたたされていたとの思いを強く抱いていたと伝えられる。

米軍は一九四五（昭和二十）年十一月、宮崎から鹿児島にかけての南九州沿岸から日本の本土上陸を狙うオリンピック作戦を極秘に進めていたが、日本の降伏が早まり、沖縄戦の惨禍はくり返されずにすんだというのが知られざる歴史の真相だ。

自民党幹部のなかには佐藤栄作の後にも沖縄を軽く見てはならぬという佐藤と思いをいっしょにする橋本龍太郎や梶山静六、野中広務ら「沖縄族」と呼ばれる人たちがいた。

橋本は幼いころにかわいがってくれたいとこを沖縄戦で亡くしている。学童が大量遭難した対馬丸事件の悲劇も心に深く刻んでいた。首相として米軍普天間飛行場の返還合意をとりつけ、県内自治体の首長と懇談した際、こうした話を交えて沖縄への思いを熱く語ったこともある。

首相就任後初の沖縄訪問で、観光客に握手を求められごきげんの小渕恵三（中央・糸満市）共同通信提供

戦時中陸軍航空士官学校生だった梶山は戦後摩文仁の丘に立ち、沖縄戦をふり返って落涙し、「沖縄の重荷を軽減するのが自分の職務」と誓ったという。

野中は京都府園部町長だった一九六二（昭和三十七）年、初めて沖縄入りしたとき、沖縄戦で日本兵に妹を殺害されたタクシー運転手との出会いが沖縄振興と基地問題に打ちこませる契機となった。

そうした政治家のなかでもひときわ沖縄へ熱い思いを寄せていたのがブッチーの愛称で呼ばれた小渕恵三である。

小渕は一九三七（昭和十二）年に群馬県で生まれ、早稲田大学文学部在学中に沖縄を初めて訪れ、本島南部で戦没者の遺骨収集を手伝い、復帰運動にも熱心に加わっていった。

一九六三（昭和三十八）年には二十六歳で全国最年少の衆院議員として初当選。十六年後の大平正芳内閣時に総理府総務長官・沖縄開発庁長官として初入閣した。

小渕が念願の首相となり内閣を発足させた一九九八（平成十）年七月、自民党は参院選で大敗し、景気もどん底で、本人のイメージも「無力・無能・無策」と前評判は悪く、「冷えたピザ」とレッテルを貼られる始末だった。

それでも、どこか人のよさを感じさせる小渕恵三は「沖縄は第二の故郷」とまで言いきるほどの沖縄フリークで、本人がいつも気にかけていたのは、沖縄戦末期に旧小禄飛行場（現那覇空港）の防衛に当たっていた海軍沖縄方面根拠地隊を率いた大田實司令官のことである。

大田少将は自決直前に大本営へ「沖縄県民斯く戦えり、後世格別のご高配を賜らんことを」という六百八十六文字におよぶ長い電文を送ったことで歴史に名を残したが、小渕は大田について語るときはいつも目頭を熱くしていたという。

大田實と沖縄戦については後にさらにくわしく触れるが、一九九八（平成十）年に自民党総裁、内閣総理大臣にまで上りつめた小渕恵三が執念でこぎつけたのが二〇〇〇年サミット（主要国首脳会議）の沖縄開催だった。

警備上の理由や「基地が集中する沖縄で開く日米外交上の危険性」（外務省）も指摘され、八つの候補地中もっとも実現がむずかしいとみられていたが、小渕は最終的に沖縄開催を決断し、「大逆転劇」と国内外に報じられた。

首里の守礼の門をデザインした二千円札の発行を決めたのも小渕自身である。

小渕恵三首相は沖縄サミット開催を決めた理由について、当時の毎日新聞一九九九年四月三十日夕刊は次のように報じている。

【ロサンゼルス29日岸本正人】「沖縄は米軍基地を抱え、大変苦労し、経済的にも失業率が他県に比べて大変高く、困難な中で生き抜こうとしている」――。小渕恵三首相はロサンゼルスに向かう専用機内で、二〇〇〇年の主要国首脳会議（サミット）開催地を沖縄県に決めた理由について、記者団に心情を吐露した。

首相は「沖縄は戦後、日本に施政権がなく、極めて苦労が多かったし、戦時中も大きな犠牲を出した。今日もなお、基地を抱えている。その痛みを十分承知している」と沖縄への思いを語った。そのうえで「ぜひ世界の首脳にも、東京、大阪ばかりでなく、義理人情が豊かで、自然が美しく、歴史的にさまざまな困難を克服しながら生き抜いている沖縄を知ってもらいたいという気持ちだった」と述べ、同県の歴史的、経済的事情に配慮して決断したことを説明した。

ここまで沖縄サミットに情熱をこめた小渕だったが、本人は病に倒れサミットの開催を待たず、二〇〇〇（平成十二）年五月に意識不明のまま六十二歳で他界していった。

「沖縄サミットの決定は大田實司令官が『沖縄県民かく戦えり』と送った電報に対する自分からの返礼の意味もあるのだ」

小渕は親しい人にこう打ちあけることがあったというが、大田が玉砕をとげた海軍壕があつた小禄とはどんなところだったのか。

二〇〇〇年七月に名護市の万国津梁館で九州・沖縄サミットが開かれたとき、首里城の晩餐会で乾杯用に使われた古酒が、この小禄の町で宮里酒造という無名の蔵が造る、「香りと甘さが際立つ」春雨だったのである。

▽赤瓦の酒蔵

沖縄県那覇市の小禄という町は、現在の那覇空港からゆいレールで移動すること約十分。熱烈な春雨ファンだった居酒屋「小桜」の主人中山孝一が半世紀前に牧志からバスで通った県立小禄高校があるところだ。

晩年にその小桜に客として通い詰めた宮里武秀が名酒「春雨」を醸した宮里酒造所は、ゆいレールの奥武山公園駅から東へ歩いて十分ほどの、小禄病院近くの閑静な住宅地の一角にある。

入り口では蔵で飼っているベティという猫がニャーと来客を迎えてくれ、庭にはマンゴーの背の高い木が植えてあるところがいかにも南国らしい。

沖縄でも数少なくなった琉球赤瓦の木造平屋が著名な泡盛を造るあの酒蔵と気づく人はいないだろう。酒蔵固有の高い煙突もなければ、春雨と書いた看板も出してないからだ。タクシーの運転

那覇市小禄にある宮里酒造所

手でもまず分からない場所といえよう。

沖縄への空の玄関口・那覇国際空港は戦時中、海軍小禄飛行場と呼ばれ、滑走路を二本もつ県内で一番大きい飛行場だった。

そこを見下ろす豊見城市の高台にある海軍・沖縄方面根拠地隊の司令部壕は、沖縄戦の激しさを後世に語り伝える戦跡の一つになっている。

この地下要塞も陸軍・第三十二軍の首里城地下要塞のように将兵ら約三千人が地下約二十メートル地点に五か月かけて手掘りで完成させた。約四百五十メートルにわたってカマボコ型に掘り抜いた横穴をコンクリートと杭木で固め、米軍の艦砲射撃にも耐えられるよう強固に造り上げていた。

一九四五（昭和二十）年一月末に佐世保警備隊から司令官として着任した海軍少将・大田實はここをベースに将兵約一万人を率いて小禄方面の守備に当たっていた。

米側に最大の抵抗をした大田實司令官

といっても正規の軍人は約三分の一。残りは地元から動員したシロウトの防衛隊で、一九四五年六月四日に米軍の侵攻を迎えた時点では約五千五百人と半分になっていた。
同隊は沖縄守備軍司令部（司令官・牛島満中将）とのあいだで作戦上の行きちがいがあって、南部へ撤退する際、重火器などを米兵に使用させないため自ら破壊しており、武器は小銃と槍、手りゅう弾くらいしか持たない、まさに「竹槍部隊」で近代的兵器を持つ米兵と対峙することになった。

沖縄本島に上陸した米軍はまず、砂糖キビ畑の広がる平坦地に海と陸から鉄の暴雨を降らせ、その後に戦車を先頭にして歩兵部隊が進軍してきた。

日本軍が潜むとみられる壕には片端から爆薬とガソリンを放ち、日本兵と一般住民を焼けださせる「馬乗り戦法」で攻勢に打って出た。

これに対し、日本軍は夜間の斬りこみと肩に爆雷をかついで戦車に体当たりする捨て身戦術で対抗した。撃破された戦闘機からとり出した軽機関銃も使って米側に最大限の抵抗をした。

その日本側の抗戦ぶりについて米国陸軍省『日米最後の戦闘』は次のように記録するほどだった。

「小禄の十日間の戦闘で海兵隊の損害は、死傷者数一千六百八名。これは第三水陸両用軍が首里戦線で日本軍との戦闘でこうむった被害に比べると、はるかに大きかった」

大田實が作戦の指揮を執った海軍壕のあった丘は最終的に圧倒的多数の米兵に包囲され、六月十三日、大田本人と幕僚ら計六人が壕内で短銃自決した。大田は五十四歳、死後海軍中将に特別昇進した。

この戦いで約四千人が戦死し、日本帝国海軍は沖縄戦で陸海ともすべてが滅んだ。

にもかかわらず、米側にも千六百人あまりの犠牲者を出したこの壮絶な戦いが戦史にひときわ大きく残るのは、大田實が現地の最高責任者として自決前に東京の海軍次官・多田武雄宛てに送った一通の電報によってである。

そのタイトルは「沖縄県民斯く戦えり、県民に対し後世特別のご高配を賜らんことを」という異例のものだった。

大田司令官が最期まで指揮を執っていた海軍壕は、大田本人も含め約二千四百人の遺骨収集がすんだ後、一九七〇（昭和四十五）年から一般公開されている。

司令官室や作戦室、暗号室なども当時のようすを再現させたものが残っているが、大田が司令官室で万感の思いをこめて書いた電文は次のようなものだった。

当時の決別電報の常とう句である「天皇陛下万歳」や「皇国の繁栄を祈る」などの文字は一切なかった。


〈沖縄県民の実情に関して、権限上は県知事が報告すべき事項であるが、県は既に通信手段を失っており、第三十二軍司令部もまたそのような余裕はないと思われる。県知事から海軍司令部宛てに依頼があったわけではないが、現状をこのまま見過ごすことはとてもできないので、知事に代わって緊急にお知らせ申し上げる。

沖縄には敵が攻略を開始して以来、陸海軍は防衛戦闘に専念して県民に関してはほとんど顧みることができなかった。にもかかわらず、私が知る限り、県民は青年・壮年が全員残らず防衛召集に進んで応募した。残された老人・子供・女は頼る者がなくなったため自分たちだけで、しかも相次ぐ敵の砲撃に家屋と財産をすべて焼かれてしまってただ着の身着のままで、軍の作戦の邪魔にならないような場所の狭い防空壕に避難し、辛うじて砲爆撃を避けつつも風雨に曝されながら窮乏した生活に甘んじ続けている。

しかも若い女性は率先して軍に身を捧げ、看護婦や炊事婦はもちろん、砲弾運びのほか、挺身斬り込み隊にさえ申し出る者もいた。

どうせ敵が来たら、老人子どもは殺されるだろうし、女は敵の領土に連れ去られて毒牙にかけられるのだろうからと、生きながら離別を決意し、娘を軍営の門のところに捨てる親もいる。

看護婦に至っては、軍の移動の際に衛生兵が置き去りにした重傷者の看護を続けている。その様子は非常に真面目で、とても一時の感情に駆られただけとは思えない。

さらに、軍の作戦が大きく変わると、その夜のうちに遙かに遠く離れた地域へ移転することを命じられ、輸送手段を持たない人たちは文句も言わず雨の中を歩いて移動している。

つまるところ、陸海軍の舞台が沖縄に進駐して以来、終始一貫して勤労奉仕や物資節約を強要されたにもかかわらず、……ただひたすら日本人としてのご奉公の念を抱きつつ、遂に……与えることがないまま、沖縄島はこの戦闘の結末と運命を共にして草木の一本も残らないほどの焦土と化そうとしている。

食糧はもう六月一杯しかもたない状況である。

沖縄県民はこのように立派に戦い抜いた。

県民に対し、後世特別のご配慮を頂きたくお願いする〉

この電文は当時の沖縄県民が本土防衛の踏み石となるため、陸海軍にいかに協力してきたか、その真情をあますところなく代弁するものであった。

最高指揮官の牛島満が参謀次長と第十方面軍司令部に宛てた決別電報のなかで「麾下部隊本島進駐以来現地同胞の献身的協力の下で……」と沖縄県民について簡単に触れていたのとは対照的な内容だった。

最後の智将と呼ぶにふさわしい大田實は一八九一（明治二四）年、千葉県長生郡長柄町に生まれ、海軍兵学校を卒業した。温厚な軍人として知られ、一九四五（昭和二十）年一月、佐世保警備隊司令官から沖縄へ赴任し、わずか五か月間で任務を終え、天上の人となっていった。

「大君の御はたのもとにししてこそ人と生まれし甲斐」

海軍壕の司令官室の壁に遺された大田實の辞世の句であるが、大田は同じ時期に沖縄へ着任した官選最後の知事・島田叡と密接に連絡をとりあっており、二人は「肝胆相照らす仲」であったと伝えられる。

それだけに、「沖縄県民斯く戦えり」の電文は大田實がときに軍と対立しながらも県民本位の行政を貫こうとした島田の意志をも組みこんだ二人の合作とみるのが自然な解釈かもしれない。

▽甘くて辛い酒

一九三〇（昭和五）年に小禄の地元で生まれ育った宮里武秀は、戦時中は小禄飛行場の整備や穴掘りなどを受けもっていた。

戦車が穴に落ちると地面に引き上げるのは大変な労力が必要なため、整地作業は兵隊へ行く前の宮里のような少年たちが専らやらされていた。

そんなあるとき、米軍の戦闘機グラマンが地上の宮里を見つけ猛スピードで接近し、機銃を掃射してきた。

「弾を撃ってくるパイロットの顔までがはっきり見えた。飛んでくる弾も分かる状態で、グラマンはそれから機体を反転してもう一度自分をめがけて襲いかかってきた」

間一髪で命拾いした宮里武秀は戦後息子の徹に自身の右足のふくらはぎの銃痕を見せながら戦時中の恐怖の体験を語ったことがある。

米軍の空爆や艦砲射撃は強烈で防空壕のなかに身を潜めていても、島自体が沈むのではないかと思われるほど激しかった。

沖縄戦では約二十万トンの砲弾が島内に撃ちこまれ、約一万トンの不発弾が発生し、宮里酒造の蒸留所近くでもこれまで爆発事故を何度も起こしたことがある。その破片が蔵まで飛んできたことも。沖縄全体では今でも約二千トンが地中に眠っているとされ、最終的にすべての不発弾を処理するためには七十年もかかる見通しとなっている。

そんな激しい戦争が終わって壕から米兵に連行された宮里は焼け跡だらけの町を見たが、収容所へ着くと意外と多くの人が生き残っていて、食べ物も与えられ、生きる希望が湧いてきたという。

銘酒「春雨」を育てた宮里武秀（小桜の壁に貼られた写真、中央が宮里）

宮里武秀は、父の喜成が造った酒蔵で十六歳のときから造りを始め、二十一歳で二代目を継いだ。春雨の実質上の創業者は武秀といってよく、息子の徹に次のように語ったという。

「季節は巡る。春雨の『春』は希望、『雨』はつらいけど恵み、つまり希望の恵みと考える。沖縄復興への熱い思いと平和を誓うための酒を造りたい。島の固有の文化であり、島民の誇りである泡盛を造ることこそが、生き残った者の務めではないか。

沖縄の復興は願うだけでは実現しない。島民が自ら汗を流して努力をしないことには。その夢をもつ人びとに呑んでもらえるような酒が春雨である」

宮里武秀は物資が何もない戦後の窮乏生活のなかで、米軍から払い下げられたタンクを改造したり、自分で工夫して泡盛の製造器具を作ったりして蔵を運営してきた。

タンクの土台に使っているブロックには銃弾の生々しい跡が今も残っている。

ここで造る酒は春雨の名前をつけて売っていたが、昭和四十年代にはいると銘柄をつけずに中身だけを大手酒造メーカーへ売る「桶売り」に転換した。

その桶売り先のメーカーについて宮里徹は「父から口外するなと固く言われてます」と言って名前を伏せるが、酒造関係者のあいだでは首里の大手蔵・瑞穂酒造を指すことは公然の秘密となっている。

瑞穂酒造でかつて製造部長を務め、後に酒販店を立ち上げた西村邦彦も「宮里武秀さんの造る春雨の大半は瑞穂に来ていた。麹造りにとてもこだわり、あの甘さと香りはよその蔵ではけっしてまねができない見事な酒だった。人柄も穏やかで、探求心が強く、ナンバーワンの造り手だった」と回想する。


瑞穂といえば古酒《クース》で有名なことは前にも触れたが、宮里武秀の造る酒が最初に注目されたのは一九七五（昭和五十）年七月に「海―その望ましい未来」を統一テーマにした沖縄国際海洋博覧会が県北部の本部町で開かれたときのことだ。

沖縄の観光振興のきっかけとなった国家イベントで、当時の三木武夫首相と皇太子明仁（後の平成天皇）夫妻に献上する古酒を選ぶため県酒造組合が泡盛の全メーカーに自慢の酒を出品させ、最優秀の折り紙がつけられたのが宮里の醸した八年古酒の春雨だった。

ただ、当時皇室一行がこの春雨をどのような飲み方をしたのかまでは紹介されてなかったが、それから七年後の一九八二（昭和五十七）年六月二十一日付の醸界飲料新聞が次のように伝えている。

「皇太子殿下はストレートでご賞味され、美智子妃殿下はシークヮーサー割のカクテルを賞味されながら気軽な御会話を交わしておられたということだ。当の持ち主の宮里さんはこの酒を家宝として誰にも飲ませず、つぎ足しも、分けもしないという」

ついで春雨が再び大きな話題になったのは、二〇〇〇（平成十二）年七月に九州・沖縄サミットの晩餐会が首里城で開かれたときに乾杯用の酒に十八年物の古酒が選ばれたときである。

この時点では宮里酒造所の酒造りは武秀から息子の徹に引きつがれていたが、県内二十一の酒造所と県酒造協同組合の計二十二メーカーが応募した古酒からアルコール度数四十三度の春雨が選ばれて賓客に供された。

一行はその旨酒に舌鼓を打ったが、幕末に東インド艦隊のペリー提督一行が浦賀入港に先立って琉球に立ち寄り、首里王府の夕食会で泡盛の古酒を口にして「フランスのリキュールのようだ」と驚嘆したときのエピソードを彷彿させる。

このときの春雨はサミット後に宇根底講順が営む首里物産が四合瓶で十本の限定販売を行い、一本十万円の高値がついたが、愛好家にとって首脳気分に浸れるのであれば値段など気にしなかっただろう。

沖縄海洋博からサミットまで四半世紀のときが流れているが、そのあいだ、春雨は他のメーカーへの桶売りに徹したので存在が世に知られることはなく、〝幻の酒〟扱いされてきた。

「泡盛造りは戦争で生き残った自分の使命」とまで考えた宮里武秀は自分の習得したノウハウを他の酒蔵の人間にも分けへだてなく伝えた。

沖縄県八重瀬町で「南光」を造る神谷酒造所の三代目、神谷雅樹が宮里武秀にSOSを出したのは一九九五（平成七）年八月のことだった。先代が病で倒れて後を継いだものの、酒造りは何から手をつけたらよいか分からなかったからだ。

蔵にやってきた武秀は「こんな汚いところでいい酒ができるわけないだろ」と神谷をにらみつけるようにして、徹底的に掃除をするところから指導を始めた。

その後は息子の徹が引きとり、蔵に来てはコメの蒸し方や麹と醪の造り方をていねいに教えた。神谷雅樹は「一番大事なことは麹造りで、コクがあってまろやかな酒を造る秘訣を教わりました」と話す。

この調子で、「残波」、「北谷長老」、「神泉」……と多くの酒蔵の面倒を見たため、酒販店関係者は「春雨に似た酒があちこちで出回ると、商売がやりにくくなりますよ」と宮里父子に耳打ちしたが、まったく意に介さなかったという。

そうした宮里武秀の酒造りを長年みてきた泡盛研究家の上間信久は「春雨はティーアンダー（手の油）の酒。手間ひまかけて造っているのがよく分かる。武秀さんとは何回か酒を呑んだが、彼は野武士ですよ。自分という人間の器をよく知っていた。だからこそ首里の大手蔵などに負けるものかという気迫でいい酒造りに挑むことができたのでは」と語る。

そんな宮里武秀は昭和から平成に変わる一九八九年に体調不良を理由に、長男の徹に酒造りのバトンを渡して事実上の引退をしてしまう。

それから酒造りの経験がまったくない徹の孤独な闘いが始まり、春雨の酒質に磨きをかけサミットの乾杯酒に使われるレベルにまで引きあげていく。

宮里父子が造る春雨のちがいについて那覇市の牧志市場裏で居酒屋「ＫＡＮＡ」を営む阪口真司は「春雨は香ばしさと味の濃さに特徴があるが、徹さんの酒は先代より甘みも強く、味の幅も大きい。甘いだけでなく、辛味もある」と賞賛する。

阪口は春雨のなかではアルコール分四十四度の酒を一番気に入っていて、賞味期限を一年以上超えた豆腐ようと組みあわせるのが好みという。

「泡盛は熟成したものほど旨くなるから、豆腐ようもドロドロに赤黒くなるまで熟成したものの方がつりあいがとれるのだと思う」と話す。

▽酒造りの設計図

那覇市安里にある栄町市場の「ぱやお」で宮里徹と春雨を呑んだことがある。二〇一四（平成二十六）年九月初め、大雨による影響で店内は停電になり、ロウソクを灯すなかでの酒宴となった。

ぱやおはうりずんのオーナー土屋實幸が市場内で営むもう一軒の居酒屋で、崎原裕が店長を務める。

崎原は土屋の親族の一人で、一九六六（昭和四十一）年生まれ、「ゆたかさん」と愛称で呼ばれる。うりずんは知名度が高まるにつれ、観光客もたくさん詰めかけるようになったので、常連客のたまり場はぱやおに移っていく。

「自分は喜怒哀楽が激しい性格だったので、店にはいったらともかく笑顔を見せるようにと教わった。仕事で失敗をしても従業員を責めたりしない、心の広い人でした」と崎原は土屋のことを語る。

そんな土屋が最も期待をかけていた蔵元の一人が宮里徹で、「俺はお前のオヤジと同じ野蛮人だけど、いやがらずにたまには店へも顔を出してくれよ」と本人に声をかけていたという。

この日のぱやおの宴席には春雨の古酒とカーリー春雨が用意され、沖縄の県魚・グルクンの唐揚げ、ドゥル天（タイモのコロッケ）、スクガラス豆腐、ソーミンチャンプルーなどがテーブルの上に並んだ。

カリー春雨は二年熟成のポピュラー酒で、若い酒ながら舌触りはなめらかで春雨特有の甘みとコクが出ている。洋ナシのような香りも漂う。

カリーは沖縄でめでたいことを意味する「嘉例」からとった言葉で、地元の酒販業・喜屋武商店の主人喜屋武徳清がカリー春雨と名づけた。カレーライスのカレーとも合うという不思議な面白い酒だ。

カリーを食中酒として楽しむ方法について宮里は次のように指南する。

「まずグラスに氷と水を入れてかきまわし、グラスを十分冷やしてから氷をとりだし、泡盛を淵から注ぐ。料理を口に含んで味わい、同時に泡盛を嚙むようにして飲み、味の変化を楽しむのがいいです」

宮里徹と酒造りや泡盛の将来などについていろいろ話すなかで最も印象に残ったのが次のエピソードだ。

「泡盛を寝かせるのに焼き物はふさわしくないと考えていたので、古酒を甕で熟成させたいので売ってくださいと言ってきた人にお断わりしたことがあるのです。そうしたら、壺屋焼きの窯元さんから『何ということをいうんだ』とクレームが来ましてね」

春雨の酒造りの最大の特徴は甕を使っての熟成をやらずに、ステンレスタンクを用いるところにある。

古酒の番人と呼ばれた土屋實幸もそうしてきたように、泡盛を熟成させるためには甕を使うのが沖縄の伝統的な手法とされてきた。古酒を愛した琉球王家の尚順男爵がかつて古酒の香りについて白梅のような鬢つけ油、熟れたホオズキ、雄山羊の三つに分類したが、こうした香りが出るのも甕熟成のなせる技な

黒麹菌のはいったタンクのなかを点検する宮里徹

のだろう。

「ところが、タンクや瓶のなかでも泡盛は十分熟成するのです。米麹の造り方を工夫してせっかくいい酒ができているのに、甕に入れると特有の匂いがついてくる。これを好む造り手もいるが、自分の酒に容器の影響はいらない。必要なのは麹や米に由来する泡盛本来の旨みや香りなのです」

こう考える宮里徹は蔵のなかを徹底的に掃除し、家つきの黒麹菌が酒造りに影響を与えないように駆除した結果、酵母や微生物を自分の考える通りに使って二十七種類もの春雨を造り分けるようになった。

長年の酒造りのデータを蓄積して、造りたい酒をイメージして設計図を描き、自ら工場と呼ぶ蔵のなかで自由自在な酒を醸していく。

工場とはいっても、エアコンもないので、夏には熱中症になりそうなくらい温度も上がるが、開け放った窓から涼しい風がはいるため、酵母や麹菌も自然の状態で活動してゆく。

こうした状態で一年を通しての酒造りをつづけ、年間六百石の泡盛を生産するが、「通年の酒造りは量を生産できないので、カンが鈍らないという利点もあるのです」と宮里徹は語る。

宮里酒造所では首里の大手蔵・瑞穂酒造やその他の蔵へも桶売りをしていたため、春雨は一般市場に酒は出回らなかったが、唯一扱っていたのが那覇市の泊港近くで酒販業を営む喜屋武商店だった。

米軍統治下の一九五五（昭和三十）年三月に県北・屋我地島出身の喜屋武徳清が資本金五百ドルで設立した沖縄で最初の本格的な泡盛卸売業者である。近くに琉球泡盛産業株式会社（現在の沖縄県酒造協同組合）があった関係で、泡盛についてのこだわりは相当なものだった。

うりずんの土屋實幸や小桜の中山孝一が自ら県内各地の酒蔵をまわりながらもどうしても手にはいらない泡盛については喜屋武商店に入手を頼むこともあった。

同商店は現在一九四八（昭和二十三）年生まれの喜屋武善範が社長を務め、父親で一九二六（大正十五）年生まれの徳清が会長職に就いている。

「店をはじめたころ、自分は小学校の低学年で、オートバイの後ろにリヤカーをしばって、その上に泡盛を乗っけて船に運んでいったことを覚えている。父親はどこの酒はおいしいとか言わない人で、どの蔵も一生懸命に造っているのだから商品は平等に扱わなければいけないが口ぐせだった」

喜屋武善範は徳清についてこう語るが、沖縄海洋博で皇室をもてなした無名の酒・春雨の存在を知ってから喜屋武父子は小禄にある宮里酒造所を頻繁に訪ね、酒を分けてくれるよう交渉を重ねた。

「売る酒？　そんなものはどこにもないよ」と宮里武秀は当初ニべもなかったが、「この酒は一人でも多くの人に呑んでもらったほうが喜ばれます」と喜屋武父子がくり返し足を運び、最後には宮里が根負けし、「よし分かった」と言って誕生したのがカリー春雨だった。

ただ、春雨は酒の生産量自体が少ないため、需要が一気に押し寄せるインターネット販売には向かなかった。

宮里酒造所も宮里武秀から徹に経営が移ると、大手蔵への桶売りから酒販店への販売へと路線を変えざるをえず、喜屋武商店は沖縄県内での春雨販売の大半を引き受け、県外は徹自らが専門誌を基に酒販店を訪ね、販路を開拓して特約店を増やしていった。

春雨の酒質の高さを評価する宮崎県都城市のさいしょ酒店店主税所隆史

春雨の出荷先は県外が九割、県内一割という大まかな比率になっている。そんな県外特約店の一つが宮崎県都城市に一九五五（昭和三十）年創業の「さいしょ酒店」で、一級建築士の資格をもつ税所隆史が長男の亮太郎とこだわりの美酒・旨酒・酔酒を扱う。

二〇〇二（平成十四）年に地元のホテル中山荘で百人の会員を集めて焼酎の会を開いた際、宮里酒造所の宮里徹も招き、カリー春雨の酒質の高さが話題になった。

税所隆史は「香りが華やかで、ものすごく甘みがある。のど元をスーッと通った後の余韻が素晴らしい。宮里さんは会場からどんな質問が出ても、ていねいに答えてくれる朴訥とした態度が印象的だった。泡盛ブームが去った後もうちは春雨だけを店頭に並べている」と話している。

さいしょ酒店では春雨のゴールドのほか、さらに熟成味の増したブルー、ラメまでそろえるほどのこだわりだ。

その都城市には黒霧島で知られる霧島酒造より古い一九〇二（明治三十五）年創業の歴史をもつ柳田酒造合名会社がある。その五代目で麦焼酎「駒」やイモ焼酎「千本桜」を造る柳田正は、宮里徹と兄弟のような親しいつきあいを長年続ける。

東京農工大の大学院を卒業して研究職勤めをしてから蔵へ戻った柳田は春雨を呑んで「ほのぼのとした米の旨みと香りに強い酒・泡盛のイメージが崩れ、目からウロコが落ちる思い。徹さんは何を質問してもニコニコしながら答えてくれる。兄貴のような存在です」と語る。

自分の理想とする酒を造るためには、蒸留器を業者に頼らず自ら改造する柳田のエンジニアとしての姿勢に宮里は「自分と同じ感性をもっている。ギャグを言いあっても笑いのツボも同じで、好きですね。年は下でもリスペクト（尊敬）しています」と微笑む。

宮里徹は忙しい造りの合間を縫っては本土へ渡り、こうした営業活動もつづけていく。

▽父と子の葛藤

伝統的な泡盛の造り方とは一線を画すため、ときに業界の風雲児ともみられる宮里徹は一九五八（昭和三十三）年一月、父武秀と母きよ子のあいだに長男として生まれた。三歳年下に歯科医の弟と八歳下に地方公務員の妹がいる。

宮里武秀が米軍機に銃撃され間一髪で助かった経験があるように、きよ子も那覇の県立第二高等女学校在学中に米軍の侵攻が始まり、名護より北へ疎開するうち捕虜生活を経験することに。きよ子より二歳年上の四年生は白梅学徒隊に編入され、四十六人中十七人が亡くなっている。

戦後はタイピストをして一家の生活を支えたが、戦時中の話は子どもたちにはあまりしなかったという。

宮里徹は昆虫や動物が大好きで、小学校時代には弟と自宅でセミを孵化させたり、近くの森でノコギリクワガタやヒラタクワガタを捕まえたりして、沖縄のファーブルを自任するような少年だった。

父の武秀は酒造りに熱心で、毎晩家へ帰ってくるのは徹たち子どもが寝ついた深夜になってからで、日曜や休日でも蔵へ出かけ、夏休みに家族で海水浴に行くようなこともあまりなかった。たまに時間があるとき、徹の宿題の工作を手伝ってくれたが、模型の紙飛行機を作ってゴムで飛ばすとどこまでもバランスを崩さずにまっすぐ飛んで行ったという。

息子を驚嘆させる、そんな父親だったが、「酒蔵の後は継がなくていいから」と言って育てられた。「酒造りは大変な仕事で、自分一代限りで十分と考えていたのでしょう」と語る宮里徹は理科系の大学へ進み、教育関係の仕事に就き充実した日々を過ごしていた。

それが、三十歳になる前のことだ。

「母親から蔵を継いでほしい、と突然打ち明けられたのです。お父さんは体調がよくないからと言って。泡盛には興味がなかったし、そんなことを今さら言われても困ると思った。ただ寒い日には発酵タンクを抱くようにして温めていた父親の姿も見ていて、酒造りに賭ける情熱は十二分に知っていたので断りきれなかった。二、三年でいいからつきあって駄目だったらあきらめてくれるだろうくらいに受けとめ、三日間考えて母親に承諾する返事をしたのです」

宮里徹は一九八九（平成元）年に専務として宮里酒造所へ入った。

すると武秀は照れ臭いのか「やってくれるか、ありがとう」のひと声も伝えずに、「お前が自由にやればいいいさ」と言って、酒造りから身を引いてしまったという。

仕事の引きつぎも十分ないままの状態でいきなりバトンを渡された徹は困惑する。酒造りから販売まで自分一人ですべてをこなさなければならなくなったからだ。

蔵にタイ産の長粒米があっても、それがどうやって泡盛に化けるのか、その仕組みもよく分からないような状態でのスタートだった。

「『それなら見ていろよ、オヤジ』。見よう見まねで造った酒の表面にサラダオイルのようなものが浮いていたので徹底的に濾過すると青光りするようなきれいな酒ができあがった。

それを口に含むと、辛いだけの旨みも何もない薄っぺらな味。浮遊していた油は脂肪酸エステルという泡盛の旨みや香りのもとにもなる物質で最小限の濾過にとどめることも知らなかった」とふり返る。

自分の酒に比べ、父親の造っていた酒を呑むと、「香りが豊かで、濃厚な辛口の酒だった。これなら古酒にするといいものになるとシロウトながら感じた。蔵の隅々まで洗浄するきれい好きのオヤジが造った酒という印象を受けた」という。

蔵の生き残りをかけるために、宮里徹は酒を他のメーカーへ桶売りするのはやめて、春雨の自社ブランド一本で勝負することを決めた。

そのためには父親の酒に負けないくらい、品質を向上させることが至上命題なのだということはいうまでもない。

宮里酒造所の泡盛造りの特徴はどんなところにあるのか、春雨を造る一連の流れを追ってみよう。

一度の仕込みに使うタイ米（長粒米）は約七百キログラム。「二〇一四年までは砕米を使っていたが、丸米が手に入るようになってからはこっちに切りかえた。製麹の際に丸米のほうがコントロールしやすいからだ」とその理由を宮里徹は話す。

このコメを水に二十分間つける浸漬作業をしてから水切りをして回転ドラム式の蒸し米機に移して五十五分間高温で蒸す。

ついで、二時間半ほど九十度強の温度の下で蒸らしの作業をする。

その後は、クールダウンという種麹が生存できる温度（四十五度）まで下げる作業に移行してから、蒸米に黒麹菌をふりかけてその状態で一晩置く。

それから三角棚（製麹棚）へ移し、温度管理をしながら麹を育てていく。黒麹菌は日本酒で使用する黄麹菌に比べ発酵の際に大量のクエン酸を発生させるので殺菌性に優れ、同時にデンプンの消化力も強いので風味の強い酒ができあがるという。

宮里酒造所ではドラムも蒸留器も小型だが、この三角棚だけは大型で二台を同時に使っている。ほとんどの機器類は父親の武秀が戦後、自ら設計して作ったものを徹がさらに改良して使っている。

「麹造りは最も大事な工程で細心の注意を払っているが、微生物相手の作業で思うようにいかないことも。リスク回避のため二台の三角棚を併用するというのも親父譲りの知恵です」

宮里徹は三角棚に二十五センチの高さまで麹を盛り、放熱し夕方に麹の空気に触れている部分とそうでない部分を入れ替える作業をして温度差をなくす。夜間は三角形の屋根をのせて保温しながら四十時間かけて麹を育てていく。

黒麹菌が十分に繁殖したら麹の水分を飛ばして出麹《でこうじ》となる。手にとるとさらさらした状態で、この後に仕込み水と酵母がはいっているステンレスタンクにこの麹を入れて発酵させてアルコール度数十八度程度の醪《もろみ》を造る。

仕込みは十四日前後で作業を終えるが、タンクのなかはイカ墨のような黒い色のどろりとした液体で満たされていて、泡がボコボコと音をたてている。アルコールが発生しているからで、バナナの皮が熟したような甘い芳香が漂ってくる。

「この醪造りをまだ灰色の段階で止めてしまう蔵が多いなか、春雨は黒くなるまでしっかり造りこんでいるので、脂肪酸エステルが多く生じて泡盛らしいコクのある芳醇な風味を出している」と話すのは沖縄国税事務所で主任鑑定官を務めた須藤茂俊だ。

須藤は前にも触れたように、瑞泉酒造が戦前の黒麹菌を使って平成の泡盛に復活させた際の立役者である。県内各地の蒸留所の実態についてもよく見てきた。

泡盛はこの発酵が終わった醪を単式蒸留器に入れて加熱してアルコール分をとり出してできあがるが、「試行錯誤の末、専門家から褒められるくらい優れた醪を作るようになっても、蒸留すると今ひとつ納得のいかない酒になることがある。これはどうしてそうなるのか、調べるうち蒸留器に問題があることが分かったのです」と宮里徹は話す。

焼酎蔵で使う蒸留器は縦型の背の高いタンクが多いのに対し、沖縄の泡盛蔵では横型の蒸留器を使っているところが大半だ。蒸留器のなかの液面の高さが低いほうが熟成に向くからとも聞くが、冷却器に設置してある蛇管の形状でできあがる泡盛の性質がまったくちがってくるのだという。

蛇管は蒸留器のなかで発生した蒸気（アルコール）を冷やして液体にするための部品で、熱効率を高めるために蛇のとぐろのようにグルグル巻きになった形状から、こう呼ばれる。

宮里酒造所の蛇管は直径七センチほどのステンレス製管が一メートル二十センチの長さで十五段折り返す構造になっている。蛇管を通った蒸気は最初高温だったものが最後は低温の液体になるが、蛇管の角度によって流れる速度も変わり、できあがる泡盛の味と香りが微妙にちがってくる。

沖縄にある泡盛蔵の蛇管

「そこで蛇管を業者に作り直してくれるよう頼んだのですが、そんな手のかかることはできないと断られたため、自分でシミュレーションをくり返して一年がかりで理想の蛇管を作りあげたのです」

と宮里は自身の酒造りをふり返る。

宮里徹は理系の大学出身なので、洗米から蒸米、麹造り、醪《もろみ》の状態と詳細なデータをとりながら点検していくと、泡盛造りのポイントは麹造りの際の湿度に関係があることが分かってきた。

「泡盛にとって麹とは、人間の心臓みたいなものです。麹の失敗はほかで補うことができません。いくら醪の発酵や蒸留、濾過などを工夫しても、満足がいく酒にはならなかったのです。麹造りをきわめないかぎり、私の理想の酒は造れないことが身にしみてわかりました」

宮里は『ダンチュウ』の読本本格焼酎のなかで日本酒ライター山内聖子の取材にこう答えているが、黒麹菌を蒸米のなかに繁殖させる作業をきちっとやり、甘みと香りを備えた糖化酵素が強い老ね麹（ひねこうじ）を造っていくことが春雨の酒造りの最大の特徴だ。

この麹を使った醪は雑味がないことが特徴で、蒸留後まろやかな酒ができるので、一般酒ではあっても古酒のように香りが芳醇で米の甘みを感じさせる酒ができあがるのだという。

「古くも香り高く、強くもまろやかに、辛くも甘い酒、春雨」

宮里徹は自分が目指す酒のイメージをこう表現するが、父親に頼らなかったため、自分の酒を造りあげるのに五年ほどまわり道をしたという。

「父とは互いに意地の張りあいがあったので、酒造りのアドバイスを受けなかった。と言って、よその蔵へ習いに行けばオヤジの名誉を傷つけることになるので一人で独習するしかなかったのです。『あいつ、オレに酒を習いに来ない』とオヤジはオフクロにこぼしていたと聞き、『一言でいいからお酒のことを聞いてあげて』と頼まれたが、それもしなかった。

今から思えば後悔してます。安易に機械化しないで手づくりの道具を残してくれた父の酒蔵で自分の酒造りの今があるわけですから」

宮里徹の造る泡盛は年々進化をとげ、春雨ゴールドや春雨ブルー、春雨ラメなど二十七種類もの熟成感のある酒を造りわけて首都圏や関西圏で評判になっていき、こだわりの泡盛として不動の地位を築いていく。

▽己の信じる道をつき進む

泡盛といえば古酒というのが「うりずん」の土屋實幸はじめ多くの泡盛関係者の決まり文句であるが、宮里徹は「うちは長く古酒は出荷していません。自分の設計図に従って古酒に引けをとらない熟成感のある酒を短い期間で造っていくことが目標ですから」と話している。

そんななか、古酒のあり方をめぐって二〇一二（平成二十四）年に泡盛業界を大きく揺るがす古酒の不当表示問題が明るみに出た。

泡盛業界のリーディングカンパニーといっていい久米島の久米仙、個性的な酒を造る咲元酒造、石川酒造場、山川酒造といった本書でも紹介した代表的な蔵を含む計九社が、日本酒造組合中央会から警告と指導の処分を受けたのだった。

当時の中央会の公正規約では、三年以上熟成した泡盛が五十パーセント以上含まれていなければ古酒表示できないのに、その要件を満たさない泡盛を古酒として販売していたことなどが問題視された。

本土復帰後、泡盛が県民の酒として注目されていくなかでの気のゆるみというほかない。

「業界になれ合い体質があるのではないか」

「泡盛が不当表示で問題になったら、その他の沖縄産品も影響を受ける」

処分を受けた酒造メーカーは「十年古酒のタンクに九年物が一本混じっていることに気がつかなかった」（山川酒造）などそれぞれの言い分もあったようだが、消費者へお詫びするとともに、商品を自主回収した。

最終的には業界トップの久米島の久米仙社長・島袋周仁が引責辞任することで幕引きを図ったが、県酒造組合連合会としても本格的な再発防止に取り組むことになった。

古酒をめぐっていろいろな動きが出るなかで、中山孝一が竜宮通りで営む小桜ですら春雨を手に入れることはむずかしくなってきた。

「武秀さんにたのんでも、『コウちゃん、酒はないよ。スマン』と言って自分が酒造りを教えてきた蔵の泡盛を代わりに持ってくるありさま。ここまで春雨の応援をして盛り上げてきたのに、何だかハシゴを外されたような気分になってしまって」

中山は店の国際通り側の壁に掲げた「春雨」の看板を外し、八重瀬町にある神谷酒造所の「南光」に掛けかえた。コクがあってまろやかな甘みを感じさせる泡盛で、宮里父子が技術指導してきた蔵の一つであることは先にも触れた通りだ。

息子の活躍ぶりを横目で見ていた宮里武秀は友人に「あいつは頑張っている」と自慢しながらも、二〇〇六（平成十八）年四月に七十七歳で他界していった。

息子にねぎらいの言葉をかけることもなく、息子も感謝の気持ちを父親に伝えることもできないままに。

「自分のカンで酒を造る武秀さんとデータに基づき酒を造る徹さん。武秀さんは気前がよくて、何事にも熱くなる人で、偏屈だけど大好きでした。

でも徹さんのお酒をほめると『お前どっちの味方だ』と怒りだして大変。もうやめてといいたいほどケンカばかりする父子でした」

こうふり返るのは十四代目「あわもりの女王」に選ばれ、後に泡盛ルポライターになった富永麻子である。

『泡盛はおいしい――沖縄の味を育てる』(岩波アクティブ新書)の著書もあり、宮里武秀とは小桜でよく酒を呑んだあいだがらという。

誇り高き酒を造るためには、父は父として、息子は息子として、己の信じる道を突き進む、孤高の闘いが必要だったのだろう。

伝統の技をこっそりと次の世代へ伝える名門、名家の生き方とは対照的な激しさが、春雨の味をより深化させているといっていいのかもしれない。

「春雨を口に含むとカカオやバニラのような甘くて芳醇な香りが鼻に抜けていくのがたまらない。醪がボコボコと自然発酵するようすはハワイのキラウエア火山の溶岩が地中から吹き上げてくる、そんな場面を想像します」と語るのは泡盛収集歴が半世紀を越えるという、うるま市在住の宮里栄徳だ。

一九四六(昭和二十一)年生まれ。二十歳のときに青年駅伝大会で国頭村の辺土名に泊まったとき、地元のマチグワーでラベルが色とりどりの泡盛の瓶に魅かれて収集を始め、三千本もの一升瓶をストックしているという。

春雨についても宮里武秀、徹父子のあらゆる年代の酒を集めており、「沖縄で春雨が品薄になるのはこの人のせいでは」と冗談が語られるほどで、その大の春雨ファンが語る。

「こんな素晴らしい泡盛を造る宮里徹さんを支える、実に礼儀正しい仲間がいることを忘れてはならないのです」

宮国耕治、手登根真也、玉城陽介の三従業員で、宮国と手登根は同じ一九七四（昭和四十九）年生まれ。二人はアルバイトの形で宮里酒造所に入り、宮里の酒造りの腕と人柄に惚れこみ正社員になった。

「我々は社長の設計図に従って酒造りをするわけですが、どうしてああいう旨い酒ができるのか訊ねたら『今は言われたことだけを百パーセントこなしてほしい』と一切の質問を封じられた。三年後に答えるからと約束しました」と宮国はふり返る。

そのときが来たが質問は出ずに、皆で楽しく飯を食って終わった。宮里徹の酒造りについて体で習得したので疑問はなくなったのだという。

宮国耕治は二十代のとき、会社を辞めたくなったことがある。そんなある日、宮里が春雨の一升瓶を持ってきて「君が造りに加わった酒を呑んでみなさい。どんな味がしますか。この酒が市場に出てお客さんが喜ぶ表情を思い浮かべてご覧」と言われた瞬間、感激して社長に一生ついていきたいと感じたと話す。

手登根真也はアルバイトで通ってるころ、宮里の前で春雨を一口飲んで「アー、甘いですね」と感想を言ったら「分かるか」とニッコリされ、この酒蔵で働きたいと思ったという。

「酒造りの機械が壊れても業者に安易に頼らず、自分で修理してまた使う。機械を大事に使うこと

「私たちのチームワークでつくる酒を呑んでください」と語る宮里酒造所のメンバー

が春雨の酒造りの基本につながるのです。社長は自分のことはさておいて従業員のことをいつも優先的に考えてくれる。だから僕たちもその気持ちにこたえなければと思い頑張れるのです」と語る。

一番若い従業員の玉城陽介は一九八四（昭和五十九）年生まれ。ハローワークの求人を見て応募して採用された。

「泡盛は強くて呑みづらい印象があったが、春雨は甘みがあって濃厚ながら、キレもよく料理に合うのは驚きだった。夏に冷房のないところでボイラーを焚く作業は正直つらかったが慣れました。社長のお供でイベント会場へ行くと、春雨という酒がいかに皆に愛されているかがよく分かりました」と話す。

宮里酒造所では午前八時に全社員が出社し、朝礼を済ませてから夕方五時半まで酒造りに精を出す。これは一年を通しての作業となるが、「二人の従業員はなれ合うことなく緊張感をもって仕事をしてくれるので、自分は県外への出張や春雨の改良点の作業に精を出せるのです」と宮里徹は語る。

神奈川県横須賀市の掛田商店店主・掛田勝朗が宮里徹を泡盛の次世代を担う蔵元として高く評価していることはこれまでにも触れてきたが、二人のあいだではこんなやりとりがあった。

宮里は掛田と那覇の街中で夜酒を呑んでいて「ちょっと用事ができました」と言って姿を消したことがあるが、小禄の酒蔵へ戻って麹に手を入れていたという。

そのようすは咲元酒造の二代目佐久本政良が戦前、辻の遊郭で知人と宴会をやっている最中に「用事ができた」といっては首里の蔵へ戻って麹の世話をしていた時分のエピソードを思いおこさせる。

沖縄の全泡盛蔵四十七か所に長年足を運び、経営者一人ひとりと対話をし、酒の味を吟味してきた重鎮・掛田勝朗が泡盛の未来を見つめて宮里徹に期待を寄せる発言には、独特の重みを感じざるをえない。

第六章　平和を守る闘い

▽鉄血隊員の戦後

二〇一九（令和元）年十月三十一日未明に起きた首里城の大火災。

正殿から上がったオレンジ色の炎は闇夜を焦がしながら、周囲の建造物を瞬く間にのみこんでいった。

その城の地下にかつて設けられた陸軍の第三十二軍司令部壕で重労働を経験した與座章健は、テレビが刻々伝える生々しい映像を見て、七十四年前の過酷で不条理な日々を思いおこしていた。

太平洋戦争開戦の一九四一（昭和十六）年十二月八日。

この日に合わせ、與座たち旧制第一中学（現県立首里高）の生徒たちは毎月八日、ラッパを吹きながら校長を先頭に首里城へ必勝祈願の行進をしていた。

十六歳で鉄血勤皇隊に組みいれられた與座は小柄な体でトロッコを使って土砂運びの作業をやらさ

れた。上官が呑む泡盛を夜間、砲弾が飛びかうなか、命懸けで酒蔵へ汲みに行かされた経験も。米軍の戦闘爆撃機が急降下してきて爆弾を落とされ、間一髪で助かったこともある。

伝令役として中学の下級生の家へ志願書を届けたばかりに後輩は戦死、父と兄も戦死し母と娘だけになった世帯もあって、戦後後悔の念に苛まれたつづけたことも。

「勝ち目のない、真に愚かな戦争だった」

こうふり返る與座章健にとって首里城は祖先とつながる大事な場所だった。沖縄戦で焼け落ちたとはいえ、一九九二（平成四）年に再建されたときには「沖縄のシンボルが立派に甦った」と熱い思いが胸にこみ上げたという。

敗戦直前、食糧がないことを理由に十八人の仲間とともに一方的に除隊を命じられた與座は、南部を逃避行中に疲労困憊のあまり米軍に投降して、悔し涙を流したことは以前にも触れた。

與座章健は戦後になって一九五〇（昭和二十五）年四月、沖縄から客船に乗って東京の竹芝桟橋へ着いた。米国が学費を出す本土への留学制度に応募し、桟橋で留学先が発表され、日本大学経済学部で四年間学ぶよう指示を受ける。

希望校を自分では選べない制度で、沖縄から鹿児島大学へ行けと指示され「東京の大学へ行きたかった」と落胆した知人もいたという。

沖縄へ戻ってからは琉球政府の金融検査の仕事をして東京五輪開催で日本中が沸く一九六四（昭和三十九）年に、かつての敵国・アメリカのペンシルベニア大学に一年間留学した。

古都フィラデルフィアにあるこの大学はかつて野口英世が医学を学んだことでも知られる名門で、與座章健は英語と会計学を学び、ＭＢＡ（経営学修士）習得を目指して猛勉強したという。

授業を終えてアパートへ戻る道すがら、品のいい老婦人に「どこから来たの」と声を掛けられ、「日本から」と答えると「何を勉強しているの」「ビジネスを学んでいる」「今ではアメリカより日本のほうが上だから学ぶことはないのでは」というやりとりがあった。

先の大戦中は本土防衛の「捨て石」とされ、戦後は日米安保の「要石」にされてきた沖縄。そこに威圧的に君臨する米国ではあるが、與座は戦後二十年近くたってアメリカ人の日本に対する認識の変化に驚いたという。

日本に戻ってからは金融検査庁次長として本土復帰後の通貨交換の際、一ドル三百六十円の交換率を保証する手順づくりの作業に携わった。その後、沖縄海邦銀行の副頭取も経験し、沖縄経済の復興と発展に尽力してきた。

四十七歳まで仕事の合間に泡盛一辺倒の人生だったが、福岡へ出張中に酒で大きな失敗してからは反省し、人生の残り半分を断酒して過ごしてきた。

しかし、いつまでも忘れないのは平和への誓いで、平成から令和に入り卒寿（九十歳）を超えた今も、鉄血勤皇隊ＯＢとして地道な反戦活動をつづける。

「あのときに除隊を許されたメンバーで生き残った者はほとんどいなかった。自分が軍を出ろと命じられたのは沖縄戦の実相を後世に伝える使命があったからではないか」

こう考える與座章健は沖縄戦が終結した慰霊の日である二〇一五（平成二十七）年の六月二十三日、

母校で開かれた追悼式で「あちこちで旨い泡盛が造られ、みなが喜んで呑む。太平な時代が訪れたものだと思う。もうあのような愚かな戦争を二度と起こしてはならない」と挨拶した。

與座は二〇一八年には「元全学徒の会」を結成し、共同代表の一人を務める。沖縄戦では約二千人の学徒が動員されたが、糸満市摩文仁の平和祈念公園に県が建てた「全学徒隊の碑」には戦没者数が記されてない。

「これでは戦争の実相が伝わらないではないか」として、千九百八十四人の戦没者数を記した刻銘版の設置に取り組み、これを完成させる一方、高校の歴史教科書のあり方にも目を光らせている。

その與座章健より三歳年が上で、沖縄師範学校在学中に鉄血勤皇隊の情報将校を務め、日本の敗戦も知らされず、戦後も飢えと闘いながら山野に身を潜めゲリラ戦を続けていたところを捕虜になったのが大田昌秀だ。

日本兵が銃を突きつけて住民を壕から追いだし、食料を奪いとる場面を何度も目撃し、自身も敗残兵からスパイ容疑をかけられて射殺されそうになったこともあったという。

「軍は軍隊を守るために存在するのであって、住民をけっして守りはしない」

沖縄戦の教訓をこう総括した大田は戦後、早稲田大学で英語を習得した後、米国シラキュース大大学院へ進み、ジャーナリズムを学んだ。

大田昌秀は琉球大学教授を経て一九九〇（平成二）年に革新統一候補として沖縄県知事選に立候補し、保守系現職の西銘順治を破って当選した。初の女性副知事を登用して話題も呼んだ。

二期八年の知事在任期間中は沖縄戦で命を落とした人びとの名前を刻銘する「平和の礎」の建立に力をつくした。

一九九五（平成七）年には米兵三人による少女暴行事件が発生。約八万五千人が集結した県民大会が開かれるなど県民の怒りを背景に米軍基地用地の強制使用手続きをめぐって異議を申し立てるなど、日本政府と全面対決した。翌一九九六年、日米両政府は米軍普天間基地の返還で合意した。

「平和を守る」「沖縄の自立」が政治姿勢で、三選を目指した一九九八年の知事選で自民の支援を受けて国の振興策などを条件に米軍普天間飛行場の県内移設を容認した稲嶺恵一に敗れた。

二〇〇一年の参院選比例代表に社民党から初当選、一期務めた後、政界を引退し、沖縄国際平和研究所を設立して理事長を務めた。

二〇一七（平成二十九）年六月に九十二歳で亡くなったが、その九か月前に研究所で三時間ほど戦時中の自身の体験や今後の抱負についてシーバスリーガルの水割りを呑みながら語ってくれた。

軍は軍を守る、と総括した大田昌秀知事

「若い人がどうしてあの戦争で命を落とさなくてはならなかったのか。その記録を残し、二度と沖縄を戦場にさせないことが自分の生きている証しでもある」

大田は最後の編著書『沖縄健児隊の最後』（藤原書店）を執筆した動機をこう語ったが、今後の自身の課題については「沖縄には七百四十五の字《あざ》がある。県内の市町村史より細かい集落の歩みを記す字誌を読むことで沖縄戦の細部に迫り、その記録を残していきたい」と話していた。

これほど沖縄を愛しながら、大田昌秀は泡盛を呑まず、洋酒一辺倒だった。「県産品振興を言いながら知事がウイスキーしか呑まないとはどういうことか」と県議会で追及されたこともあったが、「酒は好き好きだから」などとかわしていたという。

「彼もアメリカとあれだけ戦いながらも、留学先の米国で多くの友人もつくり、アメリカナイズされた生活から逃れることができなかったからでは」とは周囲の声である。

▽人生をとり戻す

大田昌秀と沖縄師範学校の同期で、沖縄戦の極限と呼ばれた前田高地の死闘で体に銃弾を浴びながら戦後を生きのびたのが後に法政大学沖縄文化研究所長になった外間守善だった。

大田と外間は一九五三（昭和二十八）年に『沖縄健児隊』（日本出版協同）を共著で出していて、この作品を原作として松竹から映画も作られている。

外間守善は一九四五（昭和二十）年九月三日、山中にゲリラ戦で潜んでいるところ日本の敗戦を知らされ、本島の東海岸にある屋嘉捕虜収容所へ移った。

七千人がはいるマンモス収容施設で、人びとのあいだで誕生した民謡が屋嘉節である。米兵が捨てた空き缶を使って「カンカラ（缶）・サンシン（三線）」をつくって戦争の空しさを歌った。平和教育に使われることもある。

外間はここで軍の作業をしたり、教師として子どもたちに勉強を教えたりしていたが、一九四六年十一月に最後の復員船に乗って本土へ渡り、宮崎へ疎開していた母親のスエと再会をはたす。

外間はその半年前に自らの戦死公報が母のもとに届き、葬儀も営まれていたことを聞かされ、驚く。県庁職員の兄守栄二十八歳は地下壕で手榴弾自決し、妹静子十三歳は学童疎開船「対馬丸」で米軍の魚雷攻撃を受け悪石島周辺で亡くなっていた。

外間守善の母は百三歳まで生きたが、米寿（八十八歳）のときに沖縄戦で散った二人の我が子を思う次の琉歌を詠んでいた。

雨降らば守栄（アミフラバサカエ）
風吹かば静子（カジフカバシズコ）
懐に抱きよて（フチュクルニダチョティ）
米の坂のぼて（ユニヌフィラヌブティ）

雨が降ったら守栄のことを、風が吹けば静子のことを思わないではいられない毎日だったが、いつのまにか自分だけ米寿の坂を登りつめたことだ……。戦争に対して愚痴をこぼさなかった母の断腸と痛恨の思いが伝わって辛い、と外間は自著『回想の80年　沖縄学への道』（沖縄タイムス社）のなかで書いている。

「和を貴ぶ心」に気づいた外間守善　共同通信提供

「沖縄戦のすべてを経験した」といっていい外間守善は、一度はあきらめた人生をとり戻そうと考え、東京へ出た。日本国新憲法の制定を知り、戦争を放棄した平和条項に感激する。

しかし、施行から五年後の対日講和条約に沖縄を日本から行政分離する規定が盛りこまれ、非武装の本土防衛には沖縄の米軍基地化が不可欠と知り、またもや本土の捨て石とされたことに愕然とする。

外間守善は東京で再会した沖縄の同級生に誘われ、国学院大学文学部へ入り、民俗学者で国文学者の折口信夫に出会い、柳田国男や言語学者の金田一京助の謦咳に接してゆく。

その後東大文学部言語研究室に移り、服部四郎教授に師事して沖縄の島々に伝わる最古の歌謡集『おもろさうし』の魅力にひかれ、二十二巻千五百五十四首の全口語訳を完成させた。

このほかにも口頭伝承の神歌をフィールドワークで集めた『南島歌謡大成』を編纂するなど、「沖縄学の父」と呼ばれた伊波普猷《いはふゆう》（一八七六―一九四七年）の後継者を自任するようになっていく。

一九六八（昭和四十三）年に法政大教授になった外間守善は皇太子時代の明仁・平成天皇から皇室に招かれ、沖縄の文化や琉歌について進講するようになる。

きっかけは皇太子夫妻に対馬丸事件のパネル展で説明役を務めたからで、十三歳の妹を冷たい海で亡くした外間の話を聞いた夫妻はショックでその場に立ちつくし、動かなかったという。

「戦没者鎮魂のため戦跡を訪ねたい」。皇太子夫妻は一九七五（昭和五十）年に沖縄を初訪問した際、ひめゆりの塔で新左翼活動家の二人組に火炎瓶を投げつけられた。大事には至らなかったが、事前に外間には「何が起きても、受けます」と冷静に伝えていたという。

沖縄では「平成天皇に親しみは感じても、あの戦争で犠牲になった多くの人のことを考えると心は許すことはできない」という声も依然強いが、沖縄で組織的戦闘が終結した六月二十三日（「慰霊の日」）の前夜祭の場では平成天皇の作った琉歌が三線の音色に乗って流れるのが恒例となっていく。

ふさかいゆる木草《きくさ》　めぐる戦跡《いくさあと》　くり返《かえ》し返《がえ》し　思《うむ》ひかけて

沖縄初訪問の時に草木が生い茂る戦跡をめぐった情景を詠んだ歌で、戦没者、自然、文化、歴史、沖縄のすべてに対する気持ちが表れている。

あの過酷な沖縄戦を生きのびた外間守善は『おもろさうし』の研究を進めるうち、沖縄の風土には「和を貴ぶ心」があることに気づいていく。

かつての師範学校同期の大田昌秀が沖縄県知事になって沖縄の基地問題の不当性を世界にアピールする姿勢をとりあげ「その決断と勇気を賞賛したい」と著書のなかでも触れている。

ウイスキーの水割りがいつも手放せなかった大田昌秀に比べ下戸だったという外間守善。それでも、外間は法政大学勤務時代、飯田橋にある琉球酒場の「島」へやってきては同僚、学生たちと名物のジュウ（豚の尻尾煮込み）などをつまみながら談論風発の場を楽しんでいたと聞く。

▽オール沖縄を強調

同じ沖縄を思う熱い心をもちながら政治家として正面から闘う大田昌秀に対して、文化を通して本土の沖縄理解を深めたのが外間守善だった。

その「動」と「静」の二人から大きく影響を受けたのが、後に沖縄県知事になる翁長雄志である。一九七五（昭和五十）年に法政大学法学部へ入り、沖縄文化研究所の外間守善と交流し、琉球文化の奥深さについて学んだ。

同じ時期に後に首相となる菅義偉も法政大学に在学していたが、翁長が直接やりとりしたのは官房長官時代の菅だった。二〇一五（平成二十七）年に初顔合わせした場で、沖縄が歩んできた苦難の歴史に理解を求める翁長に、菅は「私は戦後生まれなので、歴史をもち出されたら困りますよ」と答えたという。

沖縄県民の心を理解しようとしないで米軍基地の辺野古移設を強行しようとする菅の姿勢に翁長は「『沖縄の自治は神話である』と言い放ったキャラウェイ高等弁務官を思いおこさせる」と反発した。高等弁務官は復帰前の沖縄の最高責任者で、ポール・キャラウエイは一九六一（昭和三十六）年から三年間在任した。琉球政府のことを信用せず、親米派のみを重用した人物として知られる。

翁長雄志は大田昌秀に対しては郷土出身の先輩政治家として敬意を払いながらも、政治的立場が交わることはなかった。

米軍普天間飛行場の辺野古移設反対の民意を背負い、日本政府と最後まで闘った翁長は一九五〇（昭和二十五）年、戦後から五年たっての生まれである。庶民的な栄町市場の周辺で育ったことは以前にも触れた。

米軍統治下の人権や自治が激しく抑圧された時代を肌で知る政治家で、那覇市議や沖縄県議を務めながらも一貫して自民党員として活動し、県連の幹事長も歴任した。那覇市長を経て二〇一四（平成二十六）年から県知事を務めた。

沖縄戦の歴史を背負った革新の知事、大田昌秀は県議会で保守の論客だった翁長雄志と全面衝突した。

「知事には泥をかぶる政治ができない」

米軍普天間飛行場の名護市辺野古移設に反対する集会で、カードを掲げる沖縄県の翁長雄志知事（2015年5月、那覇市）共同通信提供

「情緒的な基地反対論だけでは無理がある」

などと攻められ、

「なら翁長さんが知事をやればいい」とまで言わしめたほどだった。

翁長は日米安保体制の必要性を認めながらも、日本全土の〇・六パーセントの面積しかない沖縄に米軍専用施設の七十パーセント以上を押しつける不条理と不平等を指摘した。

「おかしいじゃないですか。これは沖縄県

民に解決させる問題ではなくて、本土の人間が考えなければいけない問題だ。そのためにもわれわれはイデオロギーよりアイデンティティーを大事にしなければならない」として、保守と革新を乗り越えたオール沖縄の立場を強調した。

そうした翁長雄志の緊張した姿勢をリラックスさせたのはもちろん酒場だが、二〇〇六（平成十八）年の那覇市長時代に胃がんで全摘出手術を受けてからは、呑む酒を強いウイスキーから泡盛の水割りや赤ワインに切り替えた。

翁長知事が気に入った居酒屋「おでん六助」

農連市場の近くにある神里原地区の片隅で半世紀続いたバラック風居酒屋「おでん六助」によく顔を出したが、新崎洋子ママは「テビチ（豚足）が大好きで、一人で店へ来て泡盛をチビリチビリやっていた。石原裕次郎のB面をカラオケで歌うのがうまくて、ホンモノ顔負けの美声だったわ」と振り返る。

そんな翁長雄志が最も信頼した側近が栄町市場で古書店を営んだ作家の宮里千里だ。宮里は翁長と同じ一九五〇（昭和二十五）年の生まれで、那覇市役所に勤務していた時代もあり、『シマ豆腐紀行』（ボーダーインク）など多くの著書をもつ。

自民党県連幹事長を務めた翁長に対し、宮里は市職労委員長を経験した、いわば反自民の旗頭である。二〇〇〇（平成十二）年に那覇市長に就いた翁長は宮里を市長公室長に抜擢し、周囲を驚かせた。

実は翁長雄志の父助静と宮里千里の父栄輝は那覇市の前身・真和志市時代に市長のポストを争った政敵同士だったが、息子たちは盟友関係を築いていた。宮里が政治の世界に首を突っこまないのがよかったのかもしれない。

「亡くなる半年前までいっしょに酒を呑み、あらゆることを語りあった。翁長さんは基本的に保守の人間だったが、いつまでも保守と革新がいがみあっているから、沖縄は本土にいいように扱われる。こうした流れを変えていきたいという強い気持ちがあってオール沖縄という立場になっていったのだと思う」

宮里は翁長との思い出をこう語るが、気になるのは翁長雄志と大田昌秀の関係である。

ＴＢＳキャスターで『反骨――翁長家三代』（朝日新聞出版）を書いた松原耕二が二〇一七年に亡くなった大田の葬儀で翁長のようすについて自身のブログ（同年十一月二日付）で次のように記している。

「通夜に駆けつけた翁長知事が、横たわる大田氏の額に手をあてて語りかけていたという一文を、地元紙で目にしていた。どんな言葉を発したのか、どうしても聞いてみたかったのだ。

『大田さんの思いを私もしっかりもっていますと。ウチナーンチュのそういった気持ちをいかにして政治の場で実現できるか頑張っていきたいと思います』

そう言ってから、大田氏にこう語りかけたという。

戦後沖縄を象徴する玉城デニー知事

『見守っていてください』

かつては逆の立場に身を置きながら、最後は大田氏と同じように政府と対峙することになった翁長知事。ふたりの知事が織りなす時間は、基地が集中する状況に置かれつづけている沖縄の姿を、雄弁に物語っている」

「沖縄の父」と呼ぶにふさわしい大田昌秀、翁長雄志から大事な知事職のバトンを受け継いだのが玉城《たまき》デニーだった。

一九五九（昭和三十四）年、沖縄県うるま市生まれ。父はアメリカ海兵隊員、母は日本女性で、十歳まで養子に出され、その後も母子家庭で育った。

東京の福祉専門学校を出て施設の職員や音楽関係の仕事をした後、ラジオパーソナリティーとしてタレント活動を開始。二〇〇九（平成二十一）年の衆院議員選で民主党から出馬して初当選、以後四期を務めたが、政治・外交面などではあまり目立つ存在ではなかった。

しかし、翁長雄志の脳裏には「大変な苦労をして政治家になった人物」と刻まれ、自分の後継者として意識していたようで、そのことを周囲から「あなたしかいないよ」と伝えられた玉城デニーは二〇一八年九月の知事選に出馬して、過去最多の三十九万六千票あまりを獲得して初当選した。

翁長が最期まで掲げていた「辺野古新基地建設反対」を前面に出し、「誇りある豊かさ」、「新時代沖縄」を政策の柱とした。日米混血の自身を多様性の象徴と捉え、「チムグクル（真心）を大切に、誰一人取り残さない社会の実現を」と沖縄の未来図に描いた。

自民党政権中央の主役は二〇二〇（令和二）年九月、安倍晋三から菅義偉に、さらにわずか一年で岸田文雄へと首相が替わり、普天間返還問題は「辺野古移設が唯一の解決策」との姿勢は変わらず、沖縄との距離は埋まらないまま攻防がつづく。

二〇二一年十一月の衆院選では辺野古問題を抱える沖縄三区で移設反対派の立憲民主党現職が落選した。

翌二〇二二年一月の名護市長選では基地問題を黙認する自公系の現職が辺野古反対派の新人を破り、再選された。

続いて二月には陸上自衛隊の配備計画が進む石垣市長選があり、岸田政権が推す無所属の現職が玉城デニーらが支持した新人を破り、四選を果たした。

四月の沖縄市長選では保守系の無所属現職が革新系無所属の新人を大差で下した。

デニー知事を支えるオール沖縄の退潮傾向が全般的に目立ち、二〇二二年秋の知事選の行方が注目されている。

こうしたなか、デニー知事の新しい課題に加わってきたのが、うりずん店主土屋實幸が提起した百年古酒プロジェクトだ。

クースの番人とも呼ばれた土屋が二〇一五（平成二十七）年に七十三歳で他界した後、主役を失った運動は低迷し、毎年仕次ぎをした古酒をどこに保管していくかという問題も起きていた。一時期は土屋と親しかった糸満市のまさひろ酒造に預けていたが、それにも限りがある。

土屋の同志といっていい「泡盛百年古酒元年（管理運営理事会）」理事長の知念博は、県庁本館一階の人の目につくあたりに百年古酒の甕を置いてもらえないかとデニー知事に人を介してもちかけた。自身はビール党だが、泡盛も毎日欠かさず呑むという知事は「土屋さんとは自分が若いころ、椎名誠さんが沖縄へ来たとき、酒席を伴にしたことがある。百年は戦争をやらないという平和に賭ける気持ちは沖縄らしく、まったく同意します」と答えている。

そのうえで、「県庁一階部分は災害時の避難場所に指定されているので、自由に使うことはできない。担当課と相談して平和への意思を伝えるいい方法を考えていきたい」と話していた。

県民の四人に一人が落命した壮絶な沖縄戦。米軍の侵攻に対して第三十二軍司令官の牛島満はなぜ、首里城での停戦を避け、沖縄本島南部に撤退したのか。

その理由を身内でありながら追跡し、「軍隊は住民を守らない」と大田昌秀と同じ結論に達したのが、牛島満の孫で元小学校教諭の牛島貞満だ。

一九五三（昭和二十八）年、東京生まれ。祖父は穏やかな性格で立派な軍人と聞いて育ったが、七八年に教師になり、平和教育に携わるようになると、そうした評価にも違和感を覚えるようになる。

「ただ自分が沖縄へ行って牛島の孫として多くの犠牲者を出したことについてどう答えればいいのか」

葛藤を抱えながらも沖縄訪問に踏みきれたのは四十一歳になってからで、糸満市の旧平和祈念資料館で「最後まで敢闘し悠久の大義に生くべし」との牛島司令官の最後の軍令が展示してあるのを見て改めて衝撃を受けた。

「牛島司令官の自決は戦闘の終結ではなかった。この命令で最後の一兵まで玉砕する終わりのない戦闘になった」と解説がつけられていたからだ。

牛島貞満は以後、毎年沖縄を訪れ、沖縄戦の体験者から話を聞くようになるが、こだわったのは住民を犠牲に追いこんだ理由だ。

本人の辞世の歌に「秋待たで　枯れ行く島の青草は　皇国の春に甦《よみがえ》らなむ」がある。秋を待たずに枯れてしまう沖縄の若者たちの命は、春になれば天皇中心の国によみがえるだろう、という意味である。

「悠久の大義」とは、天皇への永遠の忠義という意味をもつ。つまり、祖父の頭にあるのは天皇のことだけだったのだ。

沖縄戦の傷跡を今に遺す最大の戦争遺跡は牛島満が指揮を執った首里城地下の司令部壕である。すべての悲劇を生みだす決定を下したのがこの壕だからだ。

大田昌秀知事の時代には「三十二軍壕の整備は私の悲願」と力説していたが、一九九八（平成十）年の知事選で本人が敗れると、計画は立ち消えになっていた。

その後、県は「崩落が進み、安全面で公開は困難」としてきたが、二〇一九年の首里城火災を機に地下壕の公開を求める世論が高まり、玉城デニー知事は「歴史の事実を体感し、平和を学べる貴重な遺跡として保存していきたい」と述べ、公開に向けた検討会を設置している。

牛島貞満は日米の公文書や内部の映像、元兵士らからの聞き取りなどを基に「第三十二軍司令部壕を歴史・平和学習の場に」という報告書を作り、現地説明会を開いたり、講演を行ったりしている。

「過去の責任を自分がとることはできないが、牛島満の命令で犠牲になった人びとと過去の事実を共有して、平和の意味を考えたい。かつて沖縄で何が起きたか。それを沖縄県以外の子どもたちに伝えていくことが、沖縄への恩返しだと考えている」との強い思いからだ。

こうした牛島貞満の活動について沖縄タイムス記者で現代史研究者の謝花直美は朝日新聞の取材（二〇二〇年九月五日付朝刊）に対し、こう答えている。

「逃げることもできたはずなのに、名に向き合い、沖縄側の警戒を打ち壊しては、受け止められてきたのだと思う。それが、沖縄の人に沖縄戦を伝える新しい段階に入った」と。

▽泡盛居酒屋は今

沖縄戦の後、焼け跡から黒麴菌を見つけ泡盛復興につなげた咲元酒造だが、その三代目で芸術家肌の蔵元・佐久本政雄は二〇一五（平成二十七）年六月に老衰で亡くなった。八十九歳だった。

その二年前の夏、首里の蔵を訪ねた私に黒麴菌を見つけた父佐久本政良の思い出と戦時中の自身の体験について、病できつい体を押しながら三日間にわたって古い記憶をたどり話してくれたのである。

四代目を継いだ佐久本啓は一九五八（昭和三十三）年生まれで、千葉県の流通経済大学を出てから沖縄証券に勤めて酒蔵に戻った。

「クース伝説が一人歩きしているが、泡盛は新酒も十分おいしいですよ。麹を時間をかけて黒くなるまで作りこみ、香味成分である優良脂肪酸を残すため、なるべく濾過は控える。粗濾過《あらろか》がうちの酒の特徴です」

佐久本は自社の泡盛についてこう語るが、香ばしさとコメの味わいがあって、オイリー感がする咲元の酒は国際通りに屋台村が二〇一五（平成二十七）年に誕生したとき、村内で広く呑まれる酒に選ばれるほど泡盛ファンには人気があった。

だが、咲元酒造もそのほかの酒蔵と同様に近年の経営はとても厳しく、二〇二〇（令和二）年七月に首里の鳥堀町を離れて北へ約四十キロ離れた恩納村にある観光施設「琉球村」の敷地内に工場の規模を大きくする形で移転した。

「後ろ髪を引かれる思いはあったが、生き残るためには決断するしかなかった。琉球村は高台の首里とちがって海辺に近い低地にあるため風の流れがないなど不安も正直あるが、水は口に含んでいいなと感じ、実際できあがった泡盛は味も香りもよかった。新天地で伝統の造りを復活させたい」と佐久本啓は胸の内に静かな闘志を燃やす。

咲元酒造は二〇二一年に「蔵波」という新酒を売り出した。恩納村には地元で愛される恩納酒造所のほか、近隣に神村酒造や松藤（旧崎山酒造廠）もあるので、地域で親しんでもらえる酒蔵になりたい。

そう考えて、恩納村山田の集落内にある「久良波」の地名と泡盛の蔵元を掛けて命名した。伝統の味を継承しながら飲みやすい味わいに仕上げて、若者や女性をターゲットにしている。

琉球王国時代、泡盛の聖地と呼ばれた首里三箇で今も酒を造るのは瑞泉酒造と時雨を造る識名酒造の二社だけになってしまった。

首里城・瑞泉門近くの崎山馬場通りに位置する瑞泉酒造は、夏の夜になると甘い香りを放つサガリバナの並木が立ち並ぶことで知られる。

二〇二〇年のそんな時期に四代目蔵元の佐久本学から話を聞いたが、沖縄のシンボルが前年秋に突然焼失したときのショックを次のように語る。

「上京して本土の大学に通うようになって

火災後に修復が進む首里城（2021 年 10 月）

も沖縄出身ということで何かと肩身が狭い思いをしていた。それが一九九二(平成四)年に首里城が再建され、弁柄色の勇姿を見たとき、自分も琉球出身と胸を張って言えるようになった。うちの蔵から石垣の上に屋根が見えていたのが、それがなくなり、空が広く見えるようになるとは……」

佐久本は沖縄県酒造組合の会長も務め、十七年連続で出荷量が減少している泡盛業界の現状について「心のこもった情報発信をして来なかったからではないか」と率直に非を認めている。

「泡盛の呑み方は何がおススメですか」

「それはオンザロックでも水割りでも、お好みで」

「どんな料理に合いますか」

「何でもいけますよ、泡盛なら」

県外客と泡盛メーカーのやりとりは大体こんな感じだったので、佐久本は「こういう呑み方ができますよ、料理ならこれでどうですか、とていねいかつ具体的に説明すれば、需要はもっと掘りおこせるのではないか。そのための努力をしていきたい」と話している。

泡盛の呑み方については、「春雨」を造る宮里酒造の宮里徹がお湯割りで呑むことを勧めている。

『ダンチュウ』が二〇二〇年に出した本格焼酎読

一夜で散るので幻の花とも呼ばれるサガリバナ

小桜のまえに立つ中山の長女・美華子。元気な笑顔がまぶしい

本のなかで「『春雨』を生かすお湯割りは、熱めの湯と酒を五対五で割る。ため息が出るほど旨い！」と紹介されている。

その点を宮里は次のように補足する。

「沖縄ではお年寄りは暑い夏に熱いお茶を飲む。昔氷はなかったので泡盛をロックでという呑み方は本来なかった。洋酒をオンザロックで呑む影響でしょう。冷たい酒をどんどんやると体を壊すので、自分でも最後の一杯はお湯割りを呑むようにしている。春雨を三年がかりで改造し、燗酒にしても旨い泡盛を造りあげたのです」

泡盛のお湯割りは琉球王国末期に沖縄では悪酔いしにくいということで広まった習慣で、焼酎を温めて呑む薩摩の琉球支配とともに始まったとみられる。

観光地・沖縄の那覇では居酒屋は雨後のタケノコのようにあちこち誕生しては、消えていく。そうしたなかで、六十五年も続く居酒屋があるというのも驚きだ。

中山孝一が先代以来竜宮通りで営む「小桜」がそれで、二〇一五（平成二十七）年三月にホテルロイヤルオリオンで六十周年記念パーティーを開き、全国から常連客ら三百人が集まり、話題になった。

「百周年目指して」の看板の文字も目を引いたが、そのときに中山が作った呼びかけが次の一文である。

酒場というものは「出会いと別れ」のくり返し
いうならば、「恋愛と失恋」のくり返し
そのくり返しを、数十年も続ければ、身も心もボロボロになります。
が、わが小桜は、六十年間耐え抜いてきました。
そして、これからもあえて、この「恋愛と失恋」を楽しもうと思いました。

ホテルの会場で中山孝一の挨拶に注目が集まる。

「二年前に大阪から美容師の長男亮が帰ってきて店を継ぎたい、と言いだしました。私の座を狙っているようで、オイ大丈夫かと思ったのですが、皆さんのご意見はどうですか。

亮は今二十七歳なので、百周年を迎える四十年後は六十七歳。自分もまだ百二歳です」

中山がスピーチを終えると、会場からは爆笑と割れるような拍手が起きて、小桜三代目の誕生が決まった。

従来の豚軟骨煮やソーミンチャンプルーのようなオーソドックスな品書きに加え、ナスとシシトウ煮浸しや不老長寿野菜ハンダマの白あえ、KPS（小桜ポテトサラダ）などの気まぐれメニューも。

店の前にあった映画館のグランドオリオンの建物が撤去された後に屋台村が誕生し、竜宮通りの観光客も増えてきた。

中山孝一は店の赤提灯の横でドアボーイならぬドアマンをしているが、客が美人だからといって愛想もよくしないので「お地蔵さんみたい」とからかわれている。

そしてときにはカウンターの隅で泡盛の炭酸割りやコーヒー割りを呑みながら客の身の上話に耳を傾けたりして、小桜は平成から令和の時代を迎えている。

二〇二一（令和三）年、沖縄は深刻なコロナウイルス感染症に見舞われ、飲食店は酒類の提供を止められるなど県民は苦境にあえいだが、中山亮は六月に小桜から歩いて五分ほどのゆいレール牧志駅近くの旧倉庫街に姉妹店の「沖縄大衆カルチャー酒場小梅」を誕生させた。

コウメデカンパイ、アシタモゲンキをキャッチフレーズに、沖縄の文化、食文化、酒文化の発信地にしたい、と張りきっている。

亮の妻ちひろが作る特製スパイスカレーも自慢の居酒屋だ。


安里の栄町市場にある「うりずん」は、主人の土屋實幸が二〇一五（平成二十七）年三月に亡くなった後は「吉兆」など県外の著名料理店で修業していた長男の徹が戻ってきて店を継いだ。

沖縄観光のグルメガイドにはかならず登場する名店だから、相変わらずの賑わいを見せているが、東京・渋谷のヒカリエに出していたうりずん渋谷店は二〇一七年に閉店した。東京駅前の新丸ビル店は本場琉球料理の店として繁盛している。

「人づきあいが苦手な自分が有名人の父親の後を引き受けるのは正直シンドイけれど、古酒を守ってきた店の歴史と看板を大事にしなければ。これから三十年うりずんを続けることができれば、俺はオヤジに勝ったといえると思う。息子たちに継がせようという気持ちはありません」

寡黙な土屋徹はこういって朝も早くから調理場へはいって仕込みの作業に余念がなく、店長の下地信幸やカウンターの比嘉秋江、ベテラン吉見万喜子ら古くからのメンバーが店を支えている。

土屋實幸が古酒を愛する友人知人に託した泡盛百年古酒運動のその後だが、二〇一九（平成三十一）年二月、糸満市西崎のまさひろ酒造で一九九七年以来寝かせてきた古酒に新酒を加える仕次の作業が行われた。土屋が亡くなった後、本格的な仕次ぎはしてなかったのである。

賛同者が「泡盛文化と土屋さんの思いをつなぎ、百年古酒を完成させよう」と集まり、二十二年間熟成させてきた古酒で乾杯した。

「泡盛百年古酒元年（管理運営理事会）」をまとめる知念博は「生前の土屋さんに『みんなから預かった財産を、どうにか百年守ってほしい』と、遺言のように言われていた」と話していたという。

知念が玉城デニー知事に古酒のはいった甕を平和の財産として県庁に預かってほしいと申し出た理由も、土屋の遺言を伝えたかったからなのである。

東京は池袋駅西口にある沖縄料理店「おもろ」が二〇一八（平成三十）年末に経営難で店を閉めた。一九四八（昭和二十三）年に石垣島出身の南風原英佳が始めた路地の小さな店で、沖縄出身の詩人・山之口貘が名づけ親だった。

初代が体調を壊したため、二代目の製薬会社研究員だった南風原英樹が店をつぎ、豆腐ようやラフティ、ゴーヤーチャンプルーなどを出す本格的な琉球酒場に発展させた。

特に豚の尻尾を醤油で甘辛く煮込んだ「おもろ煮」が名物で、作家の檀一雄や詩人の草野心平、劇作家の木下順二ら多くの文化人が三十五度の泡盛やオリオンビールを呑みに通った。

立憲民主党沖縄県連代表の参議院議員でジャーナリスト、有田芳生も四十年あまり通ったが、「常連客への予告もなく閉店した。戦後闇市から始まった歴史がプッツリたち切られてしまったことに寂しさが残る」と沖縄タイムス二〇二〇年四月一八日付に寄稿している。

有田が池袋「おもろ」から二年遅れて那覇で開店した「おもろ」を紹介されたのが一九八六（昭和六十一）年、朝日ジャーナルに「天皇と沖縄」をテーマに一文を書いたときのことだった。

桜坂にある店を訪ねると初代経営者・故新垣盛一の妻ヨシ子がいて、池袋で呑んでいるように「泡盛をロックで」と頼むと「沖縄ではたいてい水割りですよ」と教えられた、という。

バラック然とした古い建物。きしむ木の扉の向こう側に広がる文化の香りを気に入り、沖縄へ来るたびに通ってきた。

それが四代目の新垣亮が営む時代に立ち退き話が浮上してきた。国際通りに近いため、駐車場にする計画があって、辺り一帯が移転を迫られているのだった。

「外観はくたびれた建物かもしれないが、なかは宮大工がつくった本格的な造りでお客さんと話していて歴史の重みに身が引きしまる。ビルのなかへ移転したらこの雰囲気は失われてしまうと思うのです」

新垣亮はこう語り、有田芳生も「この空間には戦後の時間と多くの客の言霊がこもっている。歴史的建造物として目を向けなければ」と話しているのだが……。

こうした伝統の古典的な居酒屋に対し、新しいタイプの店も那覇では産声を上げている。「泡盛、なかでも古酒こそが琉球の宝」として長嶺哲成と陽子の夫妻が那覇市久茂地に二〇〇四（平成十六）年に開いた居酒屋が「カラカラとちぶぐゎ〜」だ。

カラカラは泡盛を一合入れる丸い徳利、ちぶぐゎ〜は古酒を楽しむための小さなちょこをさす。手のひらに握り隠すことができるほどの大きさである。

店では甕で熟成させた古酒と県内全銘柄の泡盛を取り揃え、二十ミリのショットで呑むことも可能なので、入門者にとってもありがたい店となっている。

近海魚を塩で炊いたマース煮や島豚あぐーの鉄板焼きなどの定番料理のほかイカスミ握り寿司などオリジナルの品書きも出して評判だ。

長嶺哲成は一九六二（昭和三十七）年那覇市は小禄の生まれで、かつて泡盛の情報誌「カラカラ」の編集長を務め、妻の陽子も音楽誌のライターをしていて沖縄で出会った。

長嶺は現在琉球泡盛倶楽部の代表として年に一回、九月四日「古酒の日の宴」を料亭那覇で開いている。三十年ものの古酒と琉球料理を味わいながら、琉球舞踊を楽しもうという集まりで、毎年百人くらいが参加する。

「泡盛の新酒はハウスワインと同じで食中酒にふさわしいが、泡盛の神髄は古酒にこそある。世界のウイスキーやブランデーと肩を並べることができるクースを若い世代にも体験してもらい、子どもが憧れるような大人を育てるのが目的なのです」と長嶺夫婦は話す。

一方で、一九八五（昭和六十）年生まれの比嘉康二が店長を務める「泡盛倉庫」は「カラカラとちぶぐゎ〜」近くのビル四階にある会員制の泡盛専門バーとして注目を集める。八百種もの泡盛をそろえ、その由来や歴史などについて比嘉が客に分かりやすく説明するのが特徴だ。

県北部の宜野座村生まれ。教員志望で教えることが好きだったという比嘉は「泡盛が素晴らしいのはその価値を自分で育てることができる点にある」と言って次のように強調する。

「酒屋で泡盛の一升瓶を三千円で買った男の子が十年寝かせれば三倍の価値の一万円くらいの古酒になる。五十年後には五十万から百万円の値打ちがつく酒を自分の子や孫にプレゼントできるなんて素晴らしいじゃないですか。

無理に甕を使わなくて瓶の熟成で構わないでしょう。『俺の酒』『こだわりの甕酒』などと一方的な伝えられ方ばかりすると泡盛は共感できない酒になってしまう。甕は一つの家庭で一個保存すれば後は瓶で熟成させる。それが今の時代のライフスタイルに合っていると思うんです」

比嘉康二は店外の行動も活発で、二〇二〇（令和二）年五月十一日付の沖縄タイムスは米国で開かれた泡盛の試飲会に出席したときの様子を次のように伝えた。

「ロサンゼルスを訪れた比嘉オーナーはセミナーで、泡盛は独立国だった琉球で何百年にも渡って熟成された酒であり平和の象徴だと説明。『戦争によってその古酒の歴史が一度は断たれてしまったが、その後は再び歴史が刻まれている。平和の酒、泡盛のおいしさと楽しみ方を世界の人々に広めていきたい』とＰＲした」

▽古酒を庶民の酒に

そうした泡盛をめぐる新しい流れを踏まえながらも「泡盛が日本酒やワインなどと同等に消費者に安心して受け入れてもらうためには、越えなければならない壁がある」と辛口の指摘をするのは泡盛スペシャリストの田崎聡だ。

近年は全国の日本酒蔵元を訪ねて『粕取焼酎』（楽園計画）という本を出し、日本のグラッパとも呼ばれる粕取焼酎を紹介する取り組みを続けている。

一九五六（昭和三十一）年東京生まれで、武蔵野美術大学で芸能デザインを専攻した。泡盛と登川誠仁の島唄にはまり、スギ花粉症もないということで三十歳のときに沖縄へ移り住んだという。那覇でジャズとおでんとクースの店を開いたり、月刊地域誌「うるま」の編集長を務めたり、いくつかの泡盛関連本もつくってきた。

田崎は「醸界飲料新聞」を主宰した仲村征幸からも信頼され、「うるま」に「泡盛よもやま話」というコラムを長期間連載してもらったこともある。

そうした泡盛業界の裏表を知りつくした立場から田崎は「泡盛はタイ米と黒麹で造っているが、タイ米の生産者の顔が見えてこない。残留農薬はどうなっているのか、業界として追跡したことがあるのか。そのあたりのチェックがないことは問題だ」と話す。

沖縄で泡盛を造るのにタイからの輸入米を使うようになったのは明治の末から大正時代にかけてのことで、それ以前は国産米やアワを原料に使っていた。

ワインや日本酒の世界ではブドウやコメの産地を明示する方向になっていて、特に地場産のブドウやコメを原料に使えばテロワール（地域に根差した原料調達）を強調できるので、泡盛についても遅まきながら「琉球泡盛テロワールプロジェクト」が二〇一九（令和元）年から動き出した。

名護市や石垣市、伊平屋村で長粒米の栽培が進められていて、泡盛メーカーからも「地元のコメを使えれば、ストーリー性もあり付加価値も高められる」と歓迎する声も出ている。

田崎聡がもう一つ問題にしているのが、沖縄が本土復帰の際の激変緩和を目的として一九七二（昭和四十七）年に創設された酒税の軽減措置だ。地元業者の経営を後押しし、所得が低い県民の負担を軽くする狙いがあった。

県内出荷分の税率が泡盛は県外と比べて三十五パーセントも軽減されてきた。沖縄では七百円で買える泡盛が本土では千百円もすることになり、本土の酒販店は「泡盛は焼酎より高い」と言って積極的には売りたがらない。この軽減措置はこれまで十回延長され、本土復帰五十年の二〇二二（令和四）年五月に期限切れを迎える。

泡盛を取り巻く環境は首里の咲元酒造が恩納村へ移転したことでも分かるように厳しく、総出荷量は十七年連続で減少し、二〇二〇年はピークだった二〇〇四年の半分以下にまで落ちこんだ。経営悪化は歯止めがかからず、メーカー四十五社（一社は休業）中三十一社が赤字というのが現状である。

こうしたなかで軽減措置の延長に期待する声も当然強いが、田崎は「意欲的な蔵のなかにはこの措置は時代遅れだというところもある。軽減措置に頼らず、泡盛は酒の品質を磨いて本土で他の酒と競争できるようにしていかなければ未来はないだろう」と語っている。

沖縄県酒造組合も三十五パーセントの軽減率を十年かけて段階的に廃止していく方針で、佐久本学会長は「コロナ禍の影響で酒が売れない現状を考えれば非常に苦しいが、いつまでも甘えているわけにはいかない」との認識を見せて、県外や海外への出荷割合を増すことで自立を目指していく考えだ。

「うりずん」の土屋實幸とつきあいの深かった神村酒造社長の中里迅志は「十五年ほど前から地元沖縄を大事にしながら、販路を関東、首都圏に向けて営業活動をしている」として次のように語る。

「三年古酒ながら十年古酒に勝るとも劣らないような庶民にも手を伸ばせる泡盛を造りたい。これまで開発してきた酵母の原酒をブレンドすることにより、いろいろな酒質の泡盛ができるようになった。多くの人に泡盛を呑んでもらえれば沖縄も豊かで元気になると考え、十年後に向け頑張っていく」

この酒税軽減措置延長のため販路拡大戦略の切り札として泡盛メーカー四十三社が二〇一三（平成二十五）年にうるま市の特別自由貿易地域に共同でつくった貯蔵施設が「古酒の郷」である。

県外向けに古酒の増産を図る計画だったが、参加蔵の経営も芳しくなく順調に行ってないのが現状だ。

土屋實幸の同志・島袋正敏＝名護市の泡盛資料館にて

泡盛古酒百年運動を進めてきた土屋實幸と「醸界飲料新聞」を主宰する仲村征幸が二〇一五（平成二十七）年に相次いで世を去ったとき、「お二人の泡盛に賭ける情熱を次世代に引き継いでいければ」と語ったのが、泡盛の仙人とも呼ばれ、「山原《やんばる》島酒之会」を立ち上げた島袋正敏だ。

名護博物館の初代館長で、沖縄の在来豚アグーを復活させた人物としても知られ、辺野古新基地建設反対派のキーマンでもある。

島袋は一九四三（昭和十八）年、名護市の天仁屋生まれ。父親が大酒呑みで地区の老人から招かれて秘蔵の古酒を味わう姿を見て育った。二十代の初め、嘉手納基地近くで米兵相手のクラブでバーテンダーを務めたが、扱うのはウイスキーばかりで泡盛を見ることはあまりなかったという。

東京五輪の一九六四（昭和三十九）年に名護市の前身、久志村役場に入り、「昔ながらの暮らしの文化や知恵を大切にしたい」として博物館立ち上げにかかわり、泡盛研究者の照屋比呂子たちから学ぶ講座を企画したりした。

それでも島袋正敏は泡盛については知らないことが多く、一九八六（昭和六十一）年に古酒造りで造詣が深い本部町の謝花良政を訪ねた。

東シナ海を望む高台にある自宅でふるまわれた酒はバニラのような芳醇な甘い香りがした。島袋はたちまちクースの世界へ引きこまれ、謝花に自ら主宰する山原島酒之会の顧問を引き受けてもらうことになった。

謝花良政はそれより三十年前の一九五六年に自動車整備工場を立ち上げた際、創業を記念して古酒造りもスタートさせていた。南蛮甕に泡盛を寝かせる手法を身につけ、多くの人に古酒造りのコツを伝授した。

「謝花さんは色っぽい話をしながら古酒の魅力を伝えるのが得意で、ソムリエの田崎信也さんとも交流があった。本部を何度か訪れた高円宮夫妻も謝花さんのクースを呑みながらヒージャー（ヤギ）の刺身を食べることを楽しみにしていたものです」

謝花良政と親しく、『沖縄　美味の島』（光文社）の著書がある作家の吉村喜彦はこんなエピソードも紹介する。

本部町は古酒造りで定評がある山川酒造の本拠地でもあるだけに、地域をあげて古酒を造ろうという機運が育っていた。

島袋正敏は土屋實幸と同じ年の生まれで、二人は親しく「古酒は沖縄の宝で平和を求める酒。百年、二百年熟成させた古酒を造ろうと夢を語り合ってきた」という。

一九九八年（平成十）年に島酒の会を立ちあげてからは県内の各家庭の床の間に古酒甕が鎮座する風景の実現を目指して活動を続けている。

「土屋さんの古酒百年運動は素晴らしい理念に支えられていたが、組織で動くとリーダーを失った場合、全体が立ちいかなくなるケースも出てくる。自分たちの取り組みは各家庭で個人が古酒を育てようという試みで、山に木を植える運動と同じ。次の世代につなぐ仕事という喜びもある」

島袋は名護市天仁屋で「黙々百年塾蔓草庵《まんそうあん》」という泡盛資料館も開く。ゆったりとした敷地には小川が流れ、琉球の草花が育つが、ここには四十個の古酒甕が貯蔵されている。

なかでも目立つのは数百年前に焼かれたというシャム南蛮の大甕で、「ここで熟成させる古酒はステンレスタンクや瓶に貯蔵する古酒と比べて味の深みや香りが格段に違うと思う」と島袋は話している。

「島酒之会」の会長は二〇一八（平成三十）年に島袋正敏から安次富洋に変わった。

安次富は二〇一九年四月一日付の琉球新報インタビューで「泡盛の魅力はやっぱり古酒。仕次ぎをすることで、高いお金を払わなくても最高のお酒が飲める。古酒は庶民の酒だ」と力説している。

二〇二二（令和四）年五月は沖縄が日本本土に復帰し、泡盛も沖縄国税事務所が酒造りを指導するようになり半世紀という大きな節目を迎える。琉球王国の誇る島酒の未来はどうなるのか。

その前年の二〇二一年二月、「久米島の久米仙」会長の島袋周仁が八十一歳で死去した。

一九三九（昭和十四）年生まれ、東京農大卒業後に故郷の島へ戻り、仲里酒造に入社した。

「もろみが発酵すると育ち盛りの我が子のように愛おしく思える」と周囲に語るほど泡盛を愛した。

「『買ってくれ』ではなく『売ってくれ』と言われる酒を造ることが大事だ」という経営哲学を持ち、海外へも販路を積極的に求め、一九九〇年代の沖縄ブームを追い風に琉球泡盛の全盛期を築いた。

県酒造組合連合会会長のほか、県工業連合会会長も歴任し製造業を束ねる大役も担った。

その一方で、島袋周仁は二〇一二（平成二十四）年に古酒の不正表示問題の責任をとって社長を辞任したことは先にも触れた通りである。

以後業界では消費者からの信頼を回復させるため、三年以上熟成させた泡盛が百パーセントを占めないと古酒を名乗れないルールを厳格に守ることになった。

その過程で古酒に若い酒を足して活性化させる伝統的な仕次ぎという手法には科学的裏づけがないとして評価基準から外さざるをえなくなった。

県の工業技術センターは仕次ぎが泡盛の熟成に与える影響について本格的な研究を始めたが、結論が出るまでに時間がかかる見通しで、「仕次ぎは沖縄の伝統文化」と考える蔵元たちにすれば断腸の思いだったろう。

島袋周仁はそうした戦後泡盛の「明」と「暗」を体験した生き証人で、「醸界飲料新聞」を主宰する仲村征幸のよき理解者であり、支え手の一人でもあった。

▽新たな草の根運動

この年二〇二一（令和三）年三月、『生きろ　島田叡――戦中最後の沖縄県知事』というドキュメンタリーが全国で公開された。

TBS（東京放送）の佐古忠彦監督が『米軍が最も恐れた男その名はカメジロー』についで作った力作で、非戦闘員にも玉砕を迫る軍部に対して非力ながらも闘った内務官僚のあまり知られざる生涯に光を当てた。

島田叡について沖縄では政財界では評価する声もある一方で、研究者のあいだでは「鉄血勤皇隊の招集について違法に印鑑を押して少年たちを死に至らしめた」と厳しい見方もされている。

その男は、
死を覚悟して
沖縄の地を踏んだ。
生きろ 島田叡
一戦中最後の沖縄県知事
玉砕こそ美徳、という考えに抗い、
一人でも多くの命を救おうと力を尽くした官吏の記録
『米軍が最も恐れた男 その名は、カメジロー』佐古忠彦 監督作品
映画「生きろ　島田叡」ポスター

こうした現状について佐古は「県民を戦争に巻きこんだ責任を最後まで感じていた島田の人間的苦悩を描きたかった。コロナ対策で揺れる今、国やリーダーのあり方を問う作品にしたかった」と制作の狙いを語る。

沖縄では戦後七十六年を経た今も戦争の記憶は生々しい。

ボランティア団体「ガマフヤー」代表の具志堅隆松は、住民らが身を潜めたガマ（壕）などの戦跡から遺骨を集め供養する作業を長年続けている。

二〇二〇年に防衛省が本島南部の土を掘りおこして米軍辺野古基地の埋め立てに使う計画が明らかになったことから「人の道に外れた行為」として、県民広場などでハンガーストライキなどの抗議活動に乗り出した。

具志堅は「戦没者の骨が混じり血や肉がしみこんだ土で新たに米軍基地をつくるのは犠牲者に対する二重の冒とく」と反発し、ハンストに賛同する三万二千八百筆の署名を県に提出した。具志堅の訴えは沖縄では新たな草の根運動として広がりを見せている。

泡盛は中国、東南アジアの国々とも深くつながってきた国際的な酒である。薩摩の芋焼酎よりも長い歴史をもつことはこれまでにも触れてきた通りだ。

平和を希求する酒としての泡盛を国連教育科学文化機関（ユネスコ）の無形文化遺産登録を目指す運動が二〇一四（平成二十六）年に小泉武夫東京農大名誉教授のアドバイスを受けて起きたが、関係者の足並みがそろわず、いま一つ盛り上がりを見せなかった。

そうしたなか、二〇一九（令和元）年に伝統的な琉球料理と泡盛、芸能の三点がセットになって文化庁に日本遺産として認定された。

二〇二一年になると、今度は政府が泡盛を含む酒類についてユネスコの無形文化遺産登録を目指していることが分かり、泡盛関係者の間で「実現すれば、世界中に泡盛を知ってもらえ、輸出や沖縄観光にも有利になる」と歓迎の声も上がっている。

こうした流れに目を凝らしながら、仲村征幸が発行してきた「醸界飲料新聞」のインターネット版を作っているのが、二代目征幸こと河口哲也だ。

ウェブ版の名前はそのものズバリ「泡盛新聞」。半世紀前に仲村師匠が新聞を始めたころは泡盛に対する偏見が激しく、自分の新聞とはいえ泡盛を名乗ることなど到底考えられなかったという。

泡盛新聞の中身は泡盛をめぐる生ニュースのほか、業界の話題、嘉手川学編集委員によるコラム、泡盛検定、醸界飲料新聞バックナンバーの紹介など充実した内容になっていて、アクセス数も急増しているのが現状だ。

「『自分でやると決めたからにはとことんやる』という先代の精神に従った。泡盛ファンはもちろん、飲食店の店員や酒販店の従業員が泡盛について知識を得やすいように泡盛検定の運営を強化したり、検定用の教科書も執筆したりもしている。ユーチューブ（動画）も始めました」と河口は話している。

先の大戦を奇跡的に生きのびた黒麹菌は、戦後琉球泡盛を見事に復活させ、沖縄の多くの人びとに、そして県外の泡盛ファンの心をも豊かにし、活力を与えてくれた。

とくに沖縄の人びとに希望をもたせたのは、酒博士として知られる坂口謹一郎が一九七〇（昭和四十五）年に発表した「君知るや名酒泡盛」という論文だった。

以降、春雨のような個性的な泡盛が各地で造りだされ、泡盛ルネサンスというような時代を迎える一方で、「古酒は庶民の酒」といって各家庭で泡盛をストックしようという動きも広がっている。

しかし課題も少なくないのである。泡盛の売り上げ鈍化を補うため、クラフトジンや地ウイスキーの製造に乗り出すなど各メーカーは酒造りにバラエティをもたせすぎて、業界の先行きが不透明でダッチロール状態に陥っているように見える点は心配だ。

琉球王朝以来の伝統の仕次ぎという作法を守って古酒を造りつづける製造所は平成から令和の世に

なると山川酒造などごく一部に限られているようである。

山川宗克会長は「沖縄の文化であり宝物でもある古酒を残すためにも業界として仕次ぎの最低限のルールを決める必要があるのではないか」と話している。

半世紀前の洋酒全盛期に居酒屋が泡盛の一升瓶をカウンターの下に客から隠したという時代がウソのように思えるくらい、泡盛は広く呑まれるようになってきた。

泡盛は人と人を結ぶ民族の酒なのであり、神や仏、祖先と子孫をつなぐ祭りの酒という大事な役割も担っている。

そんな島酒復権のために闘ってきたクースの番人・土屋實幸と泡盛のご意見番・仲村征幸は、天上からこうした現状をみて古酒を酌み交わしながら「地上から争いがなくなり平和な世が来るまで、まだまだ皆で頑張ってほしい」と微笑んでいるにちがいない。

あとがき

東シナ海に面した読谷村波平の洞窟「チビチリガマ」に足を運んだのは四年前の夏だった。サトウキビ畑からザワワ、ザワワ……と風の音だけが聞こえてくる。

「ハブに注意」と呼びかけた看板が野草の茂った斜面に立つ薄暗い谷間。一九四五（昭和二十）年四月、住民八十三人が「集団自決」を強いられた現場には、白く塗られた真新しい野仏像がぽつりぽつりと十二体立っているのが目についた。

前年に「心霊スポットで肝試し」をした少年たち四人がガマを荒して器物損壊容疑で逮捕され、更生を誓って作ったもので、その何とも悲し気な表情が忘れられない。

「歴史を知らなかった。大事な場所と分かったので、今後は自分たちで（戦争を）伝えていきたい」と少年たちは反省文を書いたという。

思い返せば自分も知らないことばかりである。

かつて集団自決が行われたチビチリガマ＝2018年7月、読谷村波平

沖縄へ初めて足を運んだのは一九八〇（昭和五十五）年の夏、新聞記者になって二年目のことだった。大阪の社会部で世話になった先輩が那覇支局に転勤していたので、夏休みを十日ほどとって遊びに訪れたのだった。

沖縄本島の南部戦跡や八重山の青い海に囲まれた島々を訪ね歩き、泡盛を呑みながらテビチの煮付などに舌鼓を打った。首里の石畳を散策しても沖縄戦で焼失した首里城もまだ再建されてなかったが、今はない「さくらや」で食べた沖縄そばが旨かったことを覚えている。

いつか沖縄で仕事をしたいと思い、高知支局に勤務していた一九八四年に当時沖縄タイムス社から刊行されていた『沖縄大百科事典』（全四巻、五万五千円）を購入して、支局長にそれを見せて次の移動先はぜひ那覇へと希望を伝えた。

今の時代ならともかく、当時の会社が若者の願いを聞き入れるはずもなく、私は神戸支局へ移り、グリコ森永事件や暴力団山口組の抗争事件を追う警察記者の道を歩むことになる。

それでも休暇がとれると東京から沖縄へ通うようになり、気になることが二点できてきた。

戦後首里でガレキのなかから泡盛を造るのに必要な黒麹菌を見つけ出して泡盛復興の立役者となった佐久本政良という人物はその後どうしているのか。いつか訪ねて行って、泡盛造りの人生について話を聞きたかった。

豚のあばら肉がのったソーキそば

それと、大変な苦労をしながら、戦後復活させた琉球泡盛を沖縄の人たちは飲み屋でカウンターの下に隠すというような、どうしてそんな行動をとったのか。

高級洋酒全盛の時代に、泡盛復権を目指して闘った二人の男。居酒屋「うりずん」店主土屋實幸と「醸界飲料新聞」主宰仲村征幸、両氏の思いの丈を聞きたかった。

佐久本氏はすでに他界していたが、土屋と仲村の両氏からは本人たちが亡くなる前に生々しい内幕話を聞くことができた。そして休暇をとっては沖縄入りをくり返すうち見えてきたのが、六百年の歴史をもつ琉球王国の酒造りにまつわる壮大なドラマだったのである。

私はこれまで日本酒やワイン、寿司や蕎麦など酒や食の世界について数冊の本にまとめているが、それらの本は特定の人物について掘り下げて書いたものがほとんどだ。

今回取り組んだ琉球泡盛はそれまでとは比べようもなく大きな世界で、特定の主人公を通して描けるようなものではなかった。戦争という時代背景を抜きには語れない点も従来の作品とはちがっていた。

社会部で長年、広島、長崎の原爆忌や太平洋戦争にまつわるさまざまな企画記事を書いてきた。しかし、県民の四人に一人が犠牲になった沖縄の地上戦のすさまじさまではきちんと取材した経験はなかった。その戦火から泡盛を守ろうとした人々がいたことも驚きだった。

そうした七十数年前の戦争に今つながるのが米軍の辺野古新基地問題である。辺野古の前身、高江のヘリパット（ヘリコプター離着陸帯）反対闘争に取り組んできた平和運動のリーダー山城博治さんは二〇〇七（平成十九）年から七年間現場へ抗議の泊まりこみをしたが、その際には泡盛の一升瓶を必ずお伴にしてきたという。

「シークヮーサーを一滴垂らせばワインより旨い酒になる。泡盛を呑みながら多くの仲間と晩メシを食って語りあううち、連帯の意識が強くなっていった」と山城さんはふり返る。

その辺野古基地の埋め立てに沖縄南部の遺骨が混ざった土を掘り起こして使う計画が進行しているが、許されない暴挙であろう。防衛省の幹部は読谷村のチビチリガマを荒して反省した少年たちの爪のアカでも煎じて呑むべきである。

こうした話を聞くたびに「将来二度と戦争を起こさない平和な世の中をつくり、沖縄をクースの島にしたい」と語っていた土屋實幸さんの人懐こい笑顔を思い出す。

二〇二二（令和四）年五月は沖縄が本土に復帰し、かつ泡盛も国税事務所が指導に入り本格的に造られるようになって半世紀になる。

そうした重要な節目の年とはいえ、沖縄へ旅人として長年訪れるだけの私にできることは限られている。今まで取材してきた琉球泡盛についてまとめた原稿を出版し、皆様からご意見をいただくことである。

この作品刊行までは実に手間がかかった。琉球泡盛の美味しさを紹介する本ならともかく、沖縄戦と泡盛がセットのテーマでは重くてグルメには本が売れないと尻込みする版元が少なくなかったからである。

そうしたなかで、この作品の狙いを読み取って出版を引き受けて下さった明石書店の大江道雅社長と担当編集者の黒田貴史さんには厚くお礼を申し上げたい。

また、長年の沖縄取材で特にお世話になった放送ジャーナリストの上間信久、泡盛新聞編集長・河口哲也、泡盛研究者・萩尾俊章、作家の稲垣真美、元平凡社編集者の二宮善宏の各氏にも感謝しています。

特に稲垣先生が新しく刊行された文芸誌『新・新思潮』で沖縄戦と琉球泡盛について一文を書かせていただいたことも執筆の際の原動力となった。

本稿の最後を執筆中の二〇二二年二月、ロシアのプーチン大統領によるウクライナへの軍事侵略が始まり、多くの市民が亡くなる場面が映像を通じて全世界へ伝えられた。

学校や病院まで爆撃され、子どもや女性、お年寄りが犠牲になるシーンは衝撃だった。大ロシアの復活を夢見る専制君主の行動は二十一世紀の世界歴史に「戦争犯罪」として刻みつけられるだろう。

土屋實幸さんと仲村征幸さんが常々口にしていた百年古酒とは、こうした戦争の対義語を意味するものなのであった。

その大事な酒を皆で育てることにより地上から争いを追放していきたい。二人の願いを改めて思い起こし、ペンを擱くことにしたい。

二〇二二（令和四）年五月十五日、沖縄が日本に復帰して半世紀のこの日、東京タワーの下にある仕事場でクースを味わいながら。

上野敏彦拝

琉球・沖縄と泡盛の歴史年表

600年頃 『隋書琉球国伝』に口かみ酒の記述

1385年 中国から種豚がもちこまれ、琉球で豚の飼育始まる

1429年 尚巴志、琉球を統一（琉球王国の成立）

1458年 護佐丸、阿麻和利の乱、首里城内に万国津梁の鐘

1515年 薩摩・島津氏へ唐酒、南蛮酒と琉球焼酎を献上

1526年 赤瓦の花街・辻遊郭が誕生、沖縄戦まで四百年続く

1531年 『おもろさうし』第一巻を編集

1534年 中国からの冊封使・陳侃「すすめられた酒は清くて強烈。シャムからの酒」と『使琉球録』に記す

1609年 薩摩藩が琉球に侵攻

1637年 宮古・八重山に初めて人頭税課される（〜1903年）

1666年 羽地朝秀、摂政となり、派手な飲酒を取り締まる

1671年 将軍家への献上品目に初めて「泡盛」の名が記載

1719年 新井白石が『南島志』で泡盛の詳細な製造法を記す

1816年 英国船ライラ号艦長バジル・ホールが琉球訪問。宴席でサキ（泡盛）を呑みかわしたと航海記に記述

1853年 米国のペリー提督一行が軍艦率いて那覇来航。首里王府の夕食会で出た古酒をリキュールのようと感想

1879年 琉球処分により沖縄県設置、琉球王国の歴史終わる

1893年　沖縄全土の泡盛製造業者は447戸このうち約100戸が首里の酒屋
1904年　後に講談社を創立する野間清治が沖縄一中へ教諭として赴任、生徒に人気で泡盛を贈られる
1933年　東京泡盛商組合設立、首都で販路拡大目指す
1935年　ポリドールからレコード「酒は泡盛」が出て話題に
1943年　陸軍省の要請で玉那覇有義らがビルマに派遣され、泡盛の製造に成功した
1944年　3月、南西諸島に大本営直轄の第32軍が新設
8月　学童疎開船「対馬丸」が撃沈
10月　那覇市は米機の大空襲に遭い壊滅的打撃
1945年　2月、官選最後の知事・島田叡が着任
3月　米軍が慶良間列島に上陸、鉄血勤皇隊員前倒しの合同卒業式
5月　牛島司令官、首里城の地下司令部を放棄して南部・摩文仁の丘にある鍾乳洞へ、一般住民を戦闘に巻きこむ
6月　古酒を愛した文化人尚順が糸満の壕で衰弱死。大田實海軍少将は「沖縄県民かく戦えり」と電報打って自決。牛島と長勇参謀長も命を絶ち、組織的戦闘終わる
8月　広島、長崎に原爆投下、太平洋戦争終結
12月　佐久本政良、首里の焼け跡から黒麹菌を発見、戦後の泡盛復活へ道を開く
1946年　密造酒防止のため、五つの官営酒造廠を設立
1949年　酒造の完全民営化
1950年　首里城の跡に琉球大学開学。桜坂に民藝酒場「おもろ」が開業
1951年　サンフランシスコ平和条約発効、沖縄は半永久的に米国支配下へ
1953年　識名酒造が泡盛を瓶詰にして売り出すと大ヒット、名前を「時雨」と名づけた
1955年　牧志の竜宮通りに赤提灯「小桜」が、泊港近くに泡盛卸売業「喜屋武商店」が誕生した

1956年　米軍の土地収用への怒りが、島ぐるみ闘争へ発展。抵抗のシンボル瀬長亀次郎が那覇市長に初当選

1958年　通貨をB円からドルへ切り替え

1963年　キャラウェイ高等弁務官「沖縄の自治は神話である」と発言

1965年　佐藤栄作首相来沖して「祖国復帰が実現しない限り、日本の戦後は終わらない」と声明

1969年　洋酒ブームの時代に仲村征幸が『醸界飲料新聞』を創刊

1970年　坂口謹一郎東大名誉教授、「君知るや名酒泡盛」を岩波の月刊『世界』に執筆、泡盛が一躍注目を集める

1972年　日本本土復帰。沖縄国税事務所が泡盛製造の本格指導開始。土屋實幸が泡盛専門居酒屋「うりずん」を開店

1973年　石川酒造場が醪の廃液から「黒麹もろみ酢」を抽出して売り出すや爆発的ヒット

1974年　仲村征幸が泡盛同好会を発足させる

1975年　沖縄海洋博で皇太子夫妻に献上した古酒は春雨の8年もの

1976年　沖縄県酒造協同組合設立

1978年　那覇の久米仙がグリーンボトルを売り出し、爆発的ヒット

1983年　泡盛がウイスキーの消費量を上まわる

1988年　新里酒造の新里修一が泡なし酵母の分離に成功、業界に画期的成果をもたらした

1990年　大田昌秀が知事に当選、平和の礎建立に尽力

1992年　沖縄戦で焼失した首里城が復元される

1997年　泡盛百年古酒元年の発会式が糸満市のまさひろ酒造で行われた

1998年　小渕恵三が首相になり、沖縄サミット開催を決断。島袋正敏が「山原島酒之会」を立ち上げる

1999年　瑞泉酒造、戦前の黒麹菌を使って泡盛を造ることに成功し、「御酒」と名づけた

2000年　掛田勝朗が横浜泡盛文化の会を立ち上げる、九州・沖縄サミットで、春雨が乾杯酒に使われた
2001年　NHKの朝のドラマ『ちゅらさん』で泡盛が注目
2004年　泡盛の生産がピークとなる
2005年　中江裕司が沖縄文化の発信基地・桜坂劇場を開設
2009年　講談社創業百年パーティーで那覇から百年前に贈られた大古酒を社員が楽しむ
2012年　古酒の不当表示明るみに、久米島の久米仙はじめ9社が日本酒造組合中央会から警告と指導
2014年　オール沖縄の立場で辺野古移設に反対する翁長雄志が知事になる。泡盛をユネスコの無形文化遺産登録を目指す運動起きる
2015年　仲村征幸83歳、土屋實幸73歳で天上の人に。『醸界飲料新聞』の後継として河口哲也がWEB上で『泡盛新聞』をスタート。小桜が開店60周年のパーティー
2017年　山川酒造が半世紀以上寝かせた秘蔵古酒「かねやま」を売り出す
2018年　玉城デニー、過去最多の39万6千票あまりを取って知事に初当選。上間信久『名護親方の「琉球いろは歌」の秘密』を出版。元鉄血勤皇隊員・與座章健ら「元全学徒の会」を結成。東京・池袋の沖縄料理店「おもろ」が閉店
2019年　まさひろ酒造で百年古酒の仕次式。「琉球泡盛テロワールプロジェクト」が始動、長粒米の栽培を始める。未明の首里城大火災
2020年　首里の咲元酒造が恩納村の琉球村に移転
2021年　「久米島の久米仙」会長の島袋周仁死去。防衛省が本島南部の土を掘り起こして米軍辺野古基地の埋め立てに使う計画を明らかに。映画『生きろ　島田叡—戦中最後の沖縄県知事』と『サンマデモクラシー』が公開。「沖縄大衆カルチャー酒場小梅」オープン
2022年　沖縄が日本に返還され半世紀。島田叡と荒井退造の苦悩を描いた映画『島守の塔』公開。

参考引用文献

安里進ら編著『沖縄県の歴史　県史47』(二〇〇四年、山川出版社)
新崎盛暉著『日本にとって沖縄とは何か』(二〇一六年、岩波新書)
新崎盛暉著『私の沖縄現代史　米軍支配時代を日本で生きて』(二〇一七年、岩波現代文庫)
新城俊昭著『教養講座　琉球・沖縄史(改訂版)』(二〇一四年、東洋企画)
泡盛浪漫特別企画班『泡盛浪漫─アジアの酒ロードを行く』(一九九六年、ボーダーインク)
『泡盛を飲んで楽しく　守り育てて30年』(二〇〇四年、沖縄県泡盛同好会)
池澤夏樹編『オキナワなんでも事典』(二〇〇三年、新潮文庫)
池間一武著『君知るや名酒あわもり　泡盛散策』(二〇一六年、琉球プロジェクト)
池間一武著『復帰後世代に伝えたい「アメリカ世」に沖縄が経験したこと』(二〇一六年、琉球プロジェクト)
伊高浩昭著『沖縄アイデンティティー』(一九八六年、マルジェ社)
稲垣真美著『現代焼酎考』(一九八五年、岩波新書)
稲垣真美著『女だけの「乙姫劇団」奮闘記』(一九九〇年、講談社)
上原栄子著『辻の華　くるわのおんなたち』(一九八四年、中公文庫)
上間信久著『こころに留めたい「琉球いろは歌」47の言葉』(二〇一三年、琉球朝日放送)
上間信久著『名護親方の「琉球いろは歌」の秘密』(二〇一八年、沖縄タイムス社)
魚住昭著『出版と権力　講談社と野間家の110年』(二〇二一年、講談社)
牛島貞満著『首里城地下　第32軍司令部壕』(二〇二一年、高文研)
うりずん二十周年記念誌『「うりずん」の本』(一九九二年)
『うるま』「小料理小桜　五十年の軌跡」(二〇〇五年五月号所収)

オーシユリ（ラブ）上原正稔編著『青い目が見た大琉球』（一九八七年、ニライ社）
大田昌秀編著『写真記録　これが沖縄戦だ』（一九七七年、琉球新報社）
大田昌秀編『沖縄健児隊の最後』（二〇一六年、藤原書店）
大濱聡著『沖縄・国際通り物語　「奇跡」と呼ばれた一マイル』（一九九八年、ゆい出版）
大本幸子著『泡盛百年古酒の夢』（二〇〇一年、河出書房新社）
岡本太郎著『沖縄文化論─忘れられた日本』（一九九六年、中公文庫）
監修・写真＝岡本尚文、文＝たまきまさみ『沖縄島料理　食と暮らしの記録と記憶』（二〇二一年、TWOVIRGINS）
『オキナワグラフ　1958年6月号』所収「忙中閑　泡盛王　本日休醸─佐久本政良氏」
『沖縄県酒造組合連合会史（戦後記録）』（一九八〇年）
『沖縄戦記録　別冊歴史読本09号』（二〇〇八年、新人物往来社）
『沖縄大百科事典　全四巻』（一九八三年、沖縄タイムス社）
沖縄タイムス社編『沖縄戦記　鉄の暴風』（一九五〇年、沖縄タイムス社編）
沖縄タイムス社『庶民がつづる沖縄戦後生活史』（一九九八年、沖縄タイムス社）
沖縄タイムス首里城取材班著『首里城　象徴になるまで』（二〇二一年、沖縄タイムス社）
沖縄文化社編『よくわかる琉球・沖縄史』（二〇一六年、沖縄文化社）
『沖縄復帰50年　定点観測者としての通信社』（二〇二二年、公益財団法人新聞通信調査会）
『沖縄の文化琉球泡盛を飲んで楽しく　守り育てて40年』（二〇一四年、沖縄県泡盛同好会）
『沖縄を深く知る事典』（二〇〇三年、紀伊国屋書店）
小底秀敏編『泡盛・あわもり』（一九八〇年、コウエイ社）
小田静夫著『泡盛の考古学』（二〇〇〇年、勉誠出版）
加藤政洋著『那覇　戦後の都市復興と歓楽街』（二〇一一年、フォレスト）

金本享吉、沢田貴幸著『焼酎語辞典』（二〇二〇年、誠文堂新光社）
金子豊編『松山王子尚順全文集』（二〇一三年、榕樹書林）
河原仁志著『沖縄をめぐる言葉たち』（二〇二〇年、毎日新聞出版）
河原仁志著『沖縄50年の憂鬱　新検証・対米返還交渉』（二〇二二年、光文社新書）
川平成雄著『沖縄　空白の一年　１９４５―１９４６』（二〇一一年、吉川弘文館）
神崎宣武著『盛り場の民俗学』（一九九三年、岩波新書）
『季刊銀花　一九七九年秋号』所収「沖縄中の泡盛を集めた料理屋・うりずん」（文化出版局）
『季刊　サントリークォーター』第59号（一九九八年、サントリー）
岸政彦著『はじめての沖縄』（二〇一八年、新曜社）
『月刊青い海No９号特集　泡盛その歴史と文化』（一九七五年、青い海出版社）
幸地光男他編『作陶島武己―土の宝石をつくる』（二〇〇九年）
『コーラルウエイ　特集・泡盛―過去・現在・未来』（二〇〇八年若夏号所収）
『コーラルウエイ　特集・発酵仮面琉球へ飛ぶ』（二〇一三年新北風号所収）
国場幸太郎著『沖縄の歩み』（二〇一九年、岩波現代文庫）
『紺碧とともに　沖縄県酒造協同組合一〇周年記念誌』（一九八八年、沖縄県酒造協同組合）
『坂口謹一郎酒学集成・第一巻「君知るや名酒泡盛」』（一九九七年、岩波書店）
佐久本政敦著『泡盛とともに―佐久本政敦自叙伝―』（一九九八年、ボーダーインク）
佐古忠彦著『「米軍が恐れた不屈の男」瀬長亀次郎の生涯』（二〇一八年、講談社）
『山河遙か　上州・先人の軌跡　第七部野間清治』上毛新聞二〇〇八年十一月十一―十三日
山同敦子著『至福の本格焼酎　極楽の泡盛　厳選86蔵元・春雨を紹介』（二〇〇八年、ちくま文庫）
塩田潮著『内閣総理大臣の沖縄問題』（二〇一九年、平凡社新書）
島尾敏雄著『透明な時の中で』所収「安里川遡行」（一九八八年、潮出版社）

下川裕治、篠原章編著『沖縄ナンクル読本』（二〇〇二年、講談社文庫）
謝花直美著『戦後沖縄と復興の「異音」』（二〇二一年、有志舎）
鈴木嘉一著『わが街再生　コミュニティ文化の新潮流』（二〇一三年、平凡社新書）
スレッジ（E・B）著、外間正四郎訳『泥と炎の沖縄戦』（一九九二年、琉球新報社）
高良倉吉監修・垂見健吾写真『沖縄の世界遺産　琉球王国への誘い』（二〇一三年、JTBパブリッシング）
田崎聡（編・著）『AWAMORIBOOK泡盛ブック』（二〇〇二年、荒地出版社）
玉木研二著『ドキュメント沖縄1945』（二〇〇五年、藤原書店）
玉城デニー著『沖縄・辺野古から考える、私たちの未来』（二〇一九年、高文研）
田村洋三著『沖縄一中鉄血勤皇隊　学徒の盾となった隊長篠原保司』（二〇一五年、光人社NF文庫）
田村洋三著『沖縄の島守　内務官僚かく戦えり』（二〇〇六年、中公文庫）
ダンチュウ『読本本格焼酎』（二〇二〇年四月、プレジデント社）
知名茂子著『松山御殿の日々　尚順の娘・茂子の回想録』（二〇一〇年、ボーダーインク）
富永麻子著『泡盛はおいしい―沖縄の味を育てる』（二〇〇二年、岩波アクティブ新書）
豊見山和行、高良倉吉編『街道の日本史56　琉球・沖縄と海上の道』（二〇〇五年、吉川弘文館）
『仲村征幸の泡盛よもやま話　醸界飲料新聞創刊40周年記念発行』
仲村清司＋酔いどれ泡盛調査隊『泡盛「通」飲読本』（二〇〇三年、双葉社）
仲村清司著『本音で語る沖縄史』（二〇一一年、新潮社）
仲村清司著『消えゆく沖縄　移住生活20年の光と影』（二〇一六年、光文社新書）
仲村清司著『沖縄とっておきの隠れ家』（二〇〇七年、沖縄スタイル）
仲村清司、藤井誠二、普久原朝充著『沖縄オトナの社会見学R18』（二〇一六年、亜紀書房）
『那覇市史　資料篇第2巻中の6』所収、仲吉良光元首里市長証言「戦争と市政」（一九七五年、那覇市役所）
日本酒類研究会編著『知識ゼロからの泡盛入門』（二〇〇八年、幻冬舎）

野間清治著『私の半生・修養雑話』（一九九九年、野間教育研究所）
萩尾俊章著『泡盛の文化誌　沖縄の酒をめぐる歴史と民俗』（二〇〇四年、ボーダーインク）
萩尾俊章著『泡盛の文化誌　沖縄の酒をめぐる歴史と民俗（新装改訂版）』（二〇一六年、ボーダーインク）
『東恩納寛惇全集・第三巻「泡盛雑考」』（一九七九年、第一書房）
藤井誠二著『沖縄アンダーグラウンド　売春街を生きた者たち』（二〇二一年、集英社文庫）
藤原彰編著『沖縄戦―国土が戦場になったとき　新装版』（一九八七年、青木書店）
『文藝春秋』二〇〇九年一月号所収の梯久美子「昭和の遺書53通」
米国陸軍省編『沖縄―日米最後の戦闘』（一九六八年、サイマル出版）
ホール（ベイジル）著・春名徹訳『朝鮮・琉球航海記』（一九八六年、岩波文庫）
外間守善著『回想80年　沖縄学への道』（二〇〇七年、沖縄タイムス社）
外間守善著『私の沖縄戦記　前田高地・六十年目の証言』（二〇一二年、角川ソフィア文庫）
松島泰勝編著『歩く・知る・対話する琉球学――歴史・社会・文化を体験しよう』（二〇二一年、明石書店）
松原耕二著『反骨　翁長家三代沖縄のいま』（二〇一六年、朝日新聞出版）
『み～きゅるきゅる』Ｖｏｌ・１「特集：桜坂」（二〇〇六年、工房３９６）
三上智恵著『証言沖縄スパイ戦史』（二〇二〇年、集英社新書）
宮城修著『ドキュメント〈アメリカ世〉の沖縄』（二〇二二年、岩波新書）
宮里千里著『沖縄あーあ！　んーんー事典』（二〇〇五年、ボーダーインク）
宮里千里著『シマ豆腐紀行』（二〇〇七年、ボーダーインク）
三山喬著『国権と島と涙　沖縄の抗う民意を探る』（二〇一七年、朝日新聞出版）
『モモトＶｏｌ．26』「島の酒」所収の「蘇った泡盛　咲元酒造物語」（二〇二六年、東洋企画）
森口豁著『沖縄　近い昔の旅　非武装の島の記憶』（一九九九年、凱風社）
八原博通著『沖縄決戦　高級参謀の手記』（二〇一五年、中公文庫）

柳田国男著『海上の道』（一九七八年、岩波文庫）
山口栄鉄著『外国人来琉記』（二〇〇〇年、琉球新報社）
山口栄鉄著『英人バジル・ホールと大琉球　来琉二百周年を記念して』（二〇一六年、不二出版）
山里永吉著『壺中天地―裏からのぞいた琉球史』（一九六三年、光有社）
山里絹子著『「米留組」と沖縄　沖縄統治下のアメリカ留学』（二〇二二年、集英社新書）
吉浜忍、林博史、吉川由紀編『沖縄戦を知る事典　非体験世代が語り継ぐ』（二〇一九年、吉川弘文館）
吉村喜彦著『食べる、飲む、聞く　沖縄美味の島』（二〇〇六年、光文社新書）
吉村喜彦『古酒ルネッサンス　泡盛を育くむ人たち』（週刊朝日二〇〇二年三月一日号より三週続き連載記事）
与那原恵著『首里城への坂道　鎌倉芳太郎と近代沖縄の群像』（二〇一六年、中公文庫）
琉球新報社会部編『昭和の沖縄』（一九八六年、ニライ社）
琉球政府編『沖縄県史第九巻・沖縄戦記録』（一九八九年、国書刊行会）
『若き血潮ぞ　空をそめける～一中学徒の戦記～』（二〇一一年、社団法人養秀同窓会）

　このほか、沖縄タイムス、琉球新報、醸界飲料新聞のバックナンバー、朝日新聞、毎日新聞、読売新聞、西日本新聞、東京新聞、産経新聞、共同通信、時事通信の配信記事を参考にした。

酒造所一覧

地域	蔵元	商品名	所在地
本島北部	**やんばる酒造株式会社** 0980-44-3297	まる田、山原くいな、大《うふ》山原《やんばる》、KUINA BLACK	〒905-1301 沖縄県大宜味村字田嘉里417
	株式会社松藤 098-968-2417	松藤、黒の松藤、赤の松藤、舞天	〒904-1202 沖縄県金武町字伊芸751
	有限会社山川酒造 0980-47-2136	珊瑚礁、さくらいちばん、かねやま	〒905-0222 沖縄県本部町字並里58
	有限会社金武酒造 098-968-2438	龍、ゴールド龍	〒904-1201 沖縄県金武町字金武4823-1
	合資会社津嘉山酒造所 0980-52-2070	国華、香仙	〒905-0017 沖縄県名護市大中1-14-6
	合資会社恩納酒造所 098-966-8105	NAVI、萬座	〒904-0411 沖縄県恩納村字恩納2690
	ヘリオス酒造株式会社 0980-52-3372	くら、主《ぬーし》、轟《とどろき》、淡麗琉球美人	〒905-0024 沖縄県名護市字許田405
	有限会社今帰仁酒造 0980-56-2611	美しき古里、まるだい、千年の響、今帰仁城、天使の夢	〒905-0401 沖縄県今帰仁村字仲宗根500
	株式会社龍泉酒造 098-058-2401	龍泉、龍泉ブルー、赤龍泉、龍泉ゴールド	〒905-1144 沖縄県名護市字仲尾次222
	咲元酒造株式会社 098-963-0208	咲元《サキモト》、蔵波	〒904-0416 沖縄県国頭恩納村山田1437-1（琉球村）
本島中部	**有限会社比嘉酒造** 098-958-2205	残波（残波ホワイト、残波ブラック、残波プレミアム）	〒904-0324 沖縄県読谷村字長浜1061
	有限会社神村酒造 098-964-7628	暖流、守禮、芳醇浪漫	〒904-1114 沖縄県うるま市石川字嘉手苅570
	新里酒造株式会社 098-939-5050	琉球、かりゆし	〒904-2161 沖縄県沖縄市字古謝3-22-8

本島中部	**協同組合琉球泡盛古酒の郷** 098-939-6072	古酒の郷	〒904-2311 沖縄県うるま市勝連南風原5193-27
	北谷長老酒造工場株式会社 098-936-1239	北谷長老、一本松	〒904-0105 沖縄県北谷町字吉原63
	泰石酒造株式会社 098-973-3211	はんたばる（焼酎）、黎明《れいめい》（清酒）	〒904-2221 沖縄県うるま市字平良川90
本島南部・営業所	**上原酒造株式会社** 098-994-6320	神泉、いとまん、糸満	〒901-0314 沖縄県糸満市字座波1061
	宮里酒造所 098-857-3065	カリー春雨、 春雨ゴールド、 春雨ラメ	〒901-0152 沖縄県那覇市小禄645
	神谷酒造所 098-998-2108	南光、はなはな	〒901-0403 沖縄県八重瀬町字世名城510-3
	株式会社石川酒造場 098-945-3515	うりずん、玉友《ぎょくゆう》、閏、島風	〒903-0103 沖縄県西原町字小那覇1438-1
	まさひろ酒造株式会社 098-994-8080	まさひろ、島唄、海人、まさひろラウンジ、花島唄、まさひろオキナワジン	〒901-0306 沖縄県糸満市西崎町5-8-7
	忠孝酒造株式会社 098-850-1257	忠孝、夢航海	〒901-0235 沖縄県豊見城市字名嘉地132
	久米仙酒造株式会社 098-832-3133	久米仙、くろ	〒902-0074 沖縄県那覇市仲井真155
	株式会社津波古酒造 098-832-3696	太平、琉球南蛮、琉球浪漫	〒902-0076 沖縄県那覇市与儀2-8-53
	株式会社久米島の久米仙営業本部 098-878-2276	久米島の久米仙、 KUMEJIMA'S KUMESEN40、び	〒901-2134 沖縄県浦添市港川2-3-3
	菊之露酒造株式会社 那覇営業所 098-868-5086	菊之露、南海国王	〒900-0032 沖縄県那覇市松山1-28-16

本島南部・営業所	**株式会社多良川　那覇支社** 098-875-1213	琉球王朝、多良川、久遠	〒901-2122 沖縄県浦添市勢理客4-9-19
	請福酒造有限会社　那覇営業所 098-875-9323	請福、やいま	〒901-2121 沖縄県浦添市内間5-4-1
	有限会社山川酒造　那覇支店 098-868-3855	珊瑚礁、さくらいちばん	〒900-0005 沖縄県那覇市天久1-6-1
	ヘリオス酒造株式会社　那覇支店 098-867-3535	くら、主《ぬーし》、轟《とどろき》	〒900-0037 沖縄県那覇市辻2-4-17
	伊平屋酒造　浦添営業所 098-943-7226	照島、たつ波、芭蕉布	〒901-2127 沖縄県浦添市屋富祖3-1-11
	瑞穂酒造株式会社 098-885-0121	ロイヤル瑞穂、美ら燦々、首里天、ender、伊江の華、楽風舞、古都首里	〒903-0801 沖縄県那覇市首里末吉町4-5-16
	有限会社識名酒造 098-884-5451	時雨、歓、おつかれさん	〒903-0813 沖縄県那覇市首里赤田町2-48
	沖縄県酒造協同組合 098-868-1470	海乃邦、紺碧、南風	〒900-0001 沖縄県那覇市港町2-8-9
	瑞泉酒造株式会社 098-884-1968	瑞泉、おもろ、御酒《うさき》	〒903-0814 沖縄県那覇市首里崎山町1-35
伊是名島	**合資会社伊是名酒造所** 0980-45-2089	常盤、伊是名島、金丸	〒905-0604 沖縄県伊是名村字伊是名736
伊平屋島	**伊平屋酒造所** 0980-46-2008	照島、たつ浪、芭蕉布	〒905-0703 沖縄県伊平屋村字我喜屋2131-40
久米島	**株式会社久米島の久米仙** 098-985-2276	久米島の久米仙、KUMEJIMA'S KUMESEN40、び	〒901-3101 沖縄県久米島町字宇江城2157
	米島酒造株式会社 098-985-2326	美ら蛍、久米島、星の灯	〒901-3123 沖縄県久米島町字大田499

宮古島	**株式会社多良川** 0980-77-4108	琉球王朝、多良川、久遠	〒906-0108 沖縄県宮古島市城辺字砂川85
	沖之光酒造合資会社 0980-72-2245	沖之光、月桃の花	〒906-0013 沖縄県宮古島市平良字下里1174
	菊之露酒造株式会社 0980-72-2669	菊之露	〒906-0012 沖縄県宮古島市平良字西里290
	池間酒造有限会社 0980-72-2425	ニコニコ太郎、太郎、瑞光	〒906-0005 沖縄県宮古島市平良字西原57
伊良部島	**株式会社渡久山酒造** 0980-78-3006	豊年、ゆら	〒906-0507 沖縄県宮古島市伊良部字佐和田1500
	株式会社宮の華 0980-78-3008	宮の華、豊見親、華翁、うでぃさんの酒	〒906-0504 沖縄県宮古島市伊良部字仲地158-1
石垣島	**有限会社八重泉酒造** 0120-8000-32	黒真珠、八重泉	〒907-0023 沖縄県石垣市字石垣1834
	請福酒造有限会社 0980-84-4118	請福、やいま	〒907-0243 沖縄県石垣市宮良959
	有限会社高嶺酒造所 0980-88-2201	於茂登、おもと(古酒)	〒907-0453 沖縄県石垣市字川平930-2
	株式会社池原酒造 0980-82-2230	白百合、赤馬	〒907-0022 沖縄県石垣市字大川175
	株式会社玉那覇酒造所 0980-82-3165	玉の露	〒907-0023 沖縄県石垣市字石垣47
	仲間酒造株式会社 0980-86-7047	宮之鶴	〒907-0243 沖縄県石垣市字宮良956
波照間島	**波照間酒造所** 0980-85-8332	泡波	〒907-1751 沖縄県竹富町字波照間156

与那国	**合名会社崎元酒造所** 0980-87-2417	与那国、海波、花織酒	〒907-1801 沖縄県与那国町字与那国2329
	国泉泡盛合名会社 0980-87-2315	どなん	〒907-1801 沖縄県与那国町字与那国2087
	入波平酒造株式会社 0980-87-2431	舞富名	〒907-1801 沖縄県与那国町字与那国4147-1
その他	**オリオンビール株式会社本社** 098-911-5229	オリオンザ・ドラフト、麦職人、サザンスター	〒901-0225 沖縄県豊見城市豊崎1-411（トミトン内）
	オリオンビール株式会社工場（名護） 0570-00-4103	オリオンザ・ドラフト、麦職人、サザンスター	〒905-0021 沖縄県名護市東江2-2-1
	南都酒造所（株式会社南都） 098-948-1111	サンゴビール、ハブ酒、35リキュール	〒901-0616 沖縄県南城市玉城字前川1367
	株式会社グレイスラム本社・工場 09802-2-4112	COR COR、COR COR AGRICOLE	〒901-3803 沖縄県島尻郡南大東村字旧東39-1
	株式会社グレイスラム事務所 098-941-3610	COR COR、COR COR AGRICOLE	〒900-0036 沖縄県那覇市西2-20-17 大共港運(株)本社 3F
	石垣島ビール株式会社 0980-83-0202	石垣島地ビール	〒907-0024 沖縄県石垣市新川2094-4
	沖縄県酒造組合 098-868-3727	泡盛の女王	〒900-0001 沖縄県那覇市港町2-8-9

（泡盛新聞作成）

〈著者紹介〉

上野敏彦（うえのとしひこ）

記録作家、コラムニスト、文芸誌「新・新思潮」同人。1955年神奈川県生まれ。横浜国立大学経済学部を卒業し、79年より共同通信記者。社会部次長、編集委員兼論説委員、宮崎支局長などを務める。民俗学者・宮本常一の影響を受けて北方領土から与那国島までの日本列島各地を取材で歩く。酒や食、漁業、朝鮮、沖縄、近現代史をテーマに執筆。

共同通信では戦後70年企画『ゼロからの希望』『追想メモリアル』などを担当。宮崎日日新聞にコラム『田の神通信』『新日向風土記』を、高知新聞に大型連載『黒潮還流』をそれぞれ執筆した。

〈著書〉

『新編　塩釜すし哲物語―震災から復興へ』（ちくま文庫、2011年）
『木村英造　淡水魚にかける夢』（平凡社、2003年）
『新版　闘う純米酒―神亀ひこ孫物語』（平凡社ライブラリー、2011年）
『千年を耕す――椎葉焼き畑村紀行』（平凡社、2011年）
『闘う葡萄酒――都農ワイナリー伝説』（平凡社、2013年）
『神馬――京都・西陣の酒場日乗』（新宿書房、2014年）
『海と人と魚――日本漁業の最前線』（農山漁村文化協会、2016年）
『そば打ち一代――浅草・蕎亭大黒屋見聞録』（平凡社、2017年）
『辛基秀　朝鮮通信使に掛ける夢――世界記憶遺産への旅』（明石書店、2018年）
『福島で酒をつくりたい――「磐城壽」復活の軌跡』（平凡社新書、2020年）

〈共著〉

『決断の残像――五十一年目の「自立」のために』（共同通信社、1996年）
『日本コリア新時代――またがる人々の物語』（明石書店、2003年）
『総理を夢見る男　東国原英夫と地方の反乱』（梧桐書院、2010年）
など多数

沖縄戦と琉球泡盛　百年古酒の誓い

2022年7月15日　初版　第1刷発行
2022年11月15日　第2刷発行

著　者　上野敏彦
発行者　大江道雅
発行所　株式会社 明石書店
〒101-0021 東京都千代田区外神田6-9-5
電話 03（5818）1171
FAX 03（5818）1174
振替　00100-7-24505
http://www.akashi.co.jp/
装丁　金子裕
印刷・製本　モリモト印刷株式会社

（定価はカバーに表示してあります）　ISBN978-4-7503-5429-3

辛基秀 朝鮮通信使に掛ける夢

世界記憶遺産への旅

上野敏彦［著］

◎四六判／上製／392頁　◎2,800円

朝鮮通信使研究や映画等を通じて朝鮮半島との橋渡し役を担おうとした辛基秀。その生涯を描いた評伝の増補改訂版。彼の死後、次女理華がソウルに留学し、父が制作した映画を上映していく様子や朝鮮通信使が世界記憶遺産になるまでの関係者の奮闘ぶりなどを追加した。

《内容構成》

序にかえて
第1章　映像にかける志
第2章　通信使の足跡たどる旅
第3章　架橋の人
第4章　人間的連帯を目指して
第5章　秀吉の侵略と降倭
第6章　見果てぬロマン
第7章　父の夢を実現
旧版あとがき——先輩ジャーナリスト、故風間喜樹さんのこと
解説——「通信使の精神」伝える、熱き研究者魂［嶋村初吉］
増補改訂版あとがき——韓国での出版に感謝
韓国語訳推薦の辞——韓流の原点［沈揆先］
韓国語版の解説——「誠心の友」の心は引き継がれる［波佐場清］
江戸時代の朝鮮通信使一覧

〈価格は本体価格です〉

残余の声を聴く　沖縄・韓国・パレスチナ
早尾貴紀、呉世宗、趙慶喜著　◎2600円

世界の基地問題と沖縄
川名晋史編　◎2500円

基地問題の国際比較　「沖縄」の相対化
川名晋史編　◎3500円

帝国日本の再編と二つの「在日」　戦前、戦後における在日朝鮮人と沖縄人
金廣烈、朴晋雨、許光茂、任城模、尹明淑著
朴東誠監訳　金耿昊、高賢来、山本興正訳　◎5800円

思想・文化空間としての日韓関係
東アジアの中で考える　佐野正人編著　◎2500円

地域から国民国家を問い直す
スコットランド、カタルーニャ、ウイグル、琉球・沖縄などを事例として
奥野良知編著　◎2600円

沖縄と「満洲」　「満洲一般開拓団」の記録
沖縄女性史を考える会編　◎10000円

沖縄と朝鮮のはざまで
朝鮮人の〈可視化／不可視化〉をめぐる歴史と語り
呉世宗著　◎4200円

沖縄ディアスポラ・ネットワーク
グローバル化のなかで邂逅を果たすウチナーンチュ
藤浪海著　◎5400円

沖縄の保育・子育て問題　子どものいのちと発達を守るための取り組み
浅井春夫、吉葉研司編著　◎2300円

海と空の小学校から　学びとケアをつなぐ教育実践　自尊感情を育むカリキュラム・マネジメント
沖縄　八重山学びのゆいまーる研究会、
村上呂里、山口剛史、辻雄二、望月道浩編著　◎2000円

前川喜平　教育のなかのマイノリティを語る
高校中退・夜間中学・外国につながる子ども・LGBT・沖縄の歴史教育
前川喜平、青砥恭、関本保孝、善元幸夫、金井景子、新城俊昭著　◎1500円

帝国のヴェール　人種・ジェンダー・ポストコロニアリズムから解く世界
荒木和華子、福本圭介編著　◎3000円

踊る「ハワイ」・踊る「沖縄」
フラとエイサーにみる隔たりと繋がり
森田真也、城田愛著　◎3500円

五色のメビウス　「外国人」と　ともにはたらき　ともにいきる
信濃毎日新聞社編　◎1800円

ルポ　コロナ禍の移民たち
室橋裕和著　◎1600円

〈価格は本体価格です〉